芳香療法 第**4**版 FOURTH EDITION

與 美體護理

黃薰誼 —— 編著　AROMATHERAPY & BODY CARE

四版 ／序言

《芳香療法與美體護理》是本著重理論與實務應用的芳療書籍，書中詳列數種植物精油之介紹，並提供適用於人體各種症狀之精油舒緩調配。期許藉由本書的問世，能讓有志從事芳療工作之從業人員培養出獨立調配精油之能力，進而成為專業之芳療師，而非僅是一芳療匠，這也是編者撰寫本書之最大期許及主要目的。

除了專業的芳療知識及精油調配介紹外，本書第十二章〈專業芳療按摩法〉中亦詳細編列出目前坊間芳療書籍較少著墨的全身歐式淋巴引流按摩手法，並分別針對：1.背部、2.肩和頸、3.大腿和小腿、4.腹部，以及 5.胸部等部位做詳盡之圖示說明；希望讀者能將芳療廣泛運用於美體護理按摩中，以充分達到芳香療法之目的。

此次改版內容上主要是增補精油的調配要點與使用注意事項。本書編寫時雖經反覆思量與斟酌，然而芳療之知識浩瀚，縱使再三校閱勘查，仍難免有疏漏、不足之處，也請芳療先進能予以指教，甚表感恩。

本書得以付梓，非常感謝父母及家人予以溫暖的支持，也非常感謝任教之學校黎明技術學院及化妝品應用系提供良好的研究空間與設備，此外，亦在此對新文京開發出版股份有限公司之業務部、編輯部

協助此書之工作同仁，以及協助拍攝身體按摩手技已畢業的專題生佩蓉等組員一併致謝，感恩您們的無私奉獻及協助，更感謝從本書出版以來一直支持訂閱的各大專院校、技術高中（高職）、協（學）會職業訓練中心及支持本書的讀者們，因為有您們的支持，本書才得以更加進步，最後再一次感恩我父母親的劬勞養育，並祈願先父母親速證菩提、蓮品高昇。

本書第四版後所有版稅將捐作偏鄉弱勢公益用途。

黃薰誼 謹識

編著者 ／ 簡介

姓名：黃薰誼 (Haung Hsin Yi)

現任服務機關／單位／職稱：
黎明技術學院 化妝品應用系 講師

主要學歷	校所科系
中國文化大學	生活應用科學研究所

頒發機構	內容	取得年月	證號
1.IFA 國際芳療機構	IFA 國際芳療師高階認證考試及格	99.10	IFA School accreditation 0702194
2.NAHA 國際芳療機構	NAHA 國際芳療師高階認證考試及格	100.8	NAHA School accreditation 2612640171
3.ITEC 國際美容機構	ITEC 國際芳療師高階認證考試及格	103.11	D144266
4.The Guild 國際美容機構	專業會員考核合格	105.11	84139
5. 勞動部勞動力發展署	技能檢定中心職類開發評鑑委員	103 至今	
6. 勞委會	國家美容監評委員	99	監評序號 033364
7. 教育部	講師證	97	講字第 090774 號
8. 勞委會	調酒丙級	94	0043603
9. 勞委會	美容乙級	87	00526
10. 勞委會	美髮丙級	81	0058386
11. 勞委會	美容丙級	80	009583

工作經歷

服務機關	單位／職稱	服務期間
黎明技術學院	專任化妝品應用系／講師	97.8 至今
私立中國文化大學	生活應用科學系海青班兼任講師	96 至 102
國立臺中護專	美容科兼任講師	97.9 至 98.7
國立空中大學	生活應用科學系兼任講師	97 至今
新生醫專	專任美容造型科／講師	96.2 至 97.7.31
啟英高中	專任美容科／教師	86.8 至 96.1
桃園女子監獄	兼任美容、美髮班技能創業培訓講師	87.7 至 92.8
仰德工家	專任美容科／教師	84.8 至 86.7
喬治高職	專任美容科／教師	82.8 至 84.7
新生醫校	專任美容科／教師	80.7 至 82.7
卡爾儷美學顧問公司	兼任 NAHA、IFPA 高階芳療訓練講師	100.3
資生堂化妝品公司	專任美容顧問	76 至 77
佳麗寶化妝品公司	專任美容顧問	75 至 76

目錄

CHAPTER

01

緒　論

Aromatherapy

&

Body Care

1-1 芳香療法之定義

芳香療法的英文為「Aromatherapy」，其中，「Aroma」是指從植物散發出的天然香氛，而「Therapy」則是指治療、療癒，亦可稱為對身心靈的治癒。故將此二字合併為「Aromatherapy」後可以解釋為：「利用天然植物的香氛來治癒身心疾病的療法」，引申至今，用植物提煉出精油來療癒身心靈疾病的方法，也可稱為「芳香療法」。

擁有天然香氛的植物可以說是大自然給予人類的最佳禮物，從遠古巴比倫、埃及、希臘、印度、中國乃至現今的歐洲、美洲都有石版或藥典來記錄芳香植物。而芳香療法一詞的正式出現則是於 1937 年，化學家蓋特佛塞所發表的研究期刊論文中，指出芳香精油具有鎮靜、安撫、止痛、傷口癒合等效用，從此芳香療法即成為現今世人所應用與研究的對象。

現今因為科技的進步，人們利用更多的儀器從芳香植物提煉或萃取其精華（也就是精油），並廣泛的運用於生活周遭，如餐旅、飲食、睡眠、保養品、衛生用品、清潔用品等均可添加芳香植物之香氛於其中，並利用嗅覺呼吸法或皮膚按摩吸收或口服、飲用等方法，讓身處於現代繁忙工商社會的人們緩解身心壓力、提升正向能量。

1-2 芳香療法之歷史沿革

在瞭解芳香療法之定義後，繼續來探討人類使用芳香療法之歷史演進與沿革。

一、西元前 4000 年

在西元前 4000 年的古文明時代，人類尚無紙張可記載芳香療法，但在石版雕刻及莎草紙文獻上，卻已發現古代人們使用芳香藥草及植物之紀錄，其中已知

最早的相關記載為西元前 4000 多年的蘇美人，在石版上雕刻著芳香植物的文獻，此文獻應是芳香療法最早的相關紀錄。

在遠古的時代裡，不論是古埃及人、希臘人、羅馬人及印度人等，皆已開始將芳香植物及藥草運用於日常生活中，舉凡飲食、醫藥、節慶、祭祀與美容等均可發現其蹤影。此外，如祭司、巫師等治病祈福或祭拜天神時，亦有焚燒芳香植物以告上天並表虔誠的習慣，由此可知，芳香植物在當時之療癒觀點即已深植人心，演變至今芳香療法與整體醫療和自然療法上，已有密不可分的關係。

二、西元前 3000 年

西元前 3000 年，古埃及人、中國人及印度人在祭祀慶典上會以芳香藥草表達對天神的尊崇，並藉由芳香藥草所傳遞的馨香向天神表達心中的敬意與心願，以求上天之接納與協助。

文獻中記載，在埃及法老王之陵墓裡曾發現乳香、樹脂、雪松、香柏木、白松香、肉桂…等芳香植物，其主要目的是要保留高貴的王族屍體不會腐敗，以維持靈魂不滅，這也是為何經歷 3000 多年如此長的時間之後，木乃伊仍可展示於世人面前的原因之一。

　　而美麗的埃及豔后克麗奧佩托拉，更常將芳香植物做為美容保健的用途，據傳其在談判時會使用芳香植物香膏，增加其自身之魅力。另外如中國的神農氏遍嚐百草，以找尋對人體有益的藥草植物。古印度畫師也曾把當時印度居民運用芳香藥草之情景繪於畫中，在在說明了芳療與文明的不可分割性。

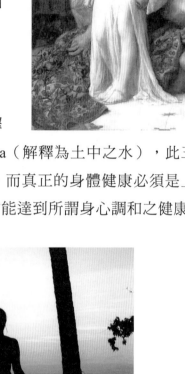

三、西元前 2000~2500 年

　　古印度醫學把人分成三種體質：Vata（解釋為空中之風）、Pit（解釋為水中之火）和 Kapha（解釋為土中之水），此三種體質分別針對神經系統、消化系統以及皮膚系統。而真正的身體健康必須是上述三種體質與體內經絡氣流達到平衡和諧的狀態，才能達到所謂身心調和之健康。

　　古印度修行醫者阿育吠陀(Ayurveda)提倡以植物精油按摩身體，達到身、心、靈之平衡，進而增進身體保健之功效，此法也被譽為阿育吠陀法之長壽養生術。

西元前 2000 年，相傳古希臘已開始使用橄欖油吸取植物香味，並運用於身體按摩上，其中古羅馬人更將薰衣草浸泡水中做為沐浴之用，也就是現今所稱之 SPA。

芳香植物也記載於《聖經》，在《舊約聖經》中有段針對芳香植物之記載：「你種植的是有著可口果子的石榴樹園，穗甘松、番紅花、菖蒲和肉桂等各種製造乳香、沒藥的樹及蘆薈。」相傳當時有來自東方之賢士曾帶著三樣禮物，分別是黃金、沒藥與乳香去尋找耶穌，足見芳香植物與藥草在當時被人們奉為珍貴禮物的象徵。

四、西元前 700 年

東方的中國有《皇帝內經》一書記載醫藥、針灸、藥物、五行、養生、按摩等文獻。

五、西元前 350~500 年

希臘醫師希波克拉底不斷推廣芳香植物對於人類身心健康之助益，其醫學著作裡記載了 3,300 多種芳香植物及藥草之治理配方。他及另一醫者蓋倫亦主張以科學、理性的方式記錄與執行醫療行為，故也被譽為古希臘醫學之父。

六、西元 900~1100 年

自古以來，人民治療疾病即已大量使用芳香植物，此外舉凡餐食、飲茶、香料、香膏、消毒、抗菌、按摩、清潔等亦均是取用當時之芳香植物及藥草。而當時為萃取植物的靈魂精油，大部分用水泡法或油泡法等方法取得，直到 11 世紀一位阿拉伯人阿比西那 (Avicenna) 將蒸餾器的鍋爐與接收器添加了一冷卻裝置，使得精油的萃取量大為提升，更增加了人們對精油的喜愛及運用，喜愛香味的阿拉伯人並且將芳香植物開發出不同香味之香水供人使用。

七、西元 1100~1700 年後

文藝復興時期由於十字軍東征，將東征時所見之民俗風情及日常用品帶回歐洲，引發歐洲各國對文明古國之探索，其中也包含了芳香植物、藥草在醫療保健與日常生活中的運用，及煉金術的相關資料。而煉金術及萃取植物精油所使用的蒸餾技術也被引進歐洲，並用於芳香植物之精油萃取，使普羅大眾對於精油的取得更為容易，芳香精油更因黑死病的蔓延而廣泛應用於歐洲的預防感染上。

西元 1340 年，歐洲由於鼠疫引發的黑死病造成非常嚴重的死亡，當時街頭不斷焚燒乳香、尤加利、松木等植物用以淨化空氣及殺菌，醫師出診時會全身包裹斗篷，頭戴鳥狀面具，鳥嘴塗上丁香、肉桂等植物做為預防傳染及抗菌用。至 1722 年間有些竊賊運用芳香植物與香料調製出「四賊香醋」之芳香醋塗抹於全身，再潛入黑死病患家中竊取財物，以保不被傳染疾病。

中國藥學家李時珍花費 30 年的時間完成了全書 52 卷、1,892 種藥材、8,160 種藥方之《本草綱目》後被譯為多種語言流傳各國。

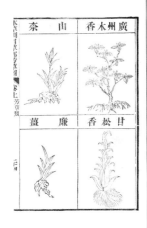

1-3　近代芳香療法之先驅

1. 蓋特佛塞

西元 1920~1940 年，法國化學家蓋特佛塞博士在一場化學實驗中，雙手被爆炸之化學藥品所灼傷，情急之下將其手泡至一桶薰衣草精油裡，事後發現其被灼傷之部位並無留下紅腫與疤痕，因而訝異天然植物精油具有幫助消炎、止痛、殺菌、傷口癒合之功能，之後便致力於芳香精油之研究並於 1937 年於其發表的研究上首先提到「Aromatherapy」芳香療法一詞，因首次為「芳香療法」定名，故也被後人尊稱為「芳香療法之父」。

2. 珍・瓦涅醫師

　　法國珍・瓦涅醫師 (Dr. Jean-Valnet) 運用植物精油治療外傷兵，以預防感染及促進傷口之癒合，其著有《芳香療法》一書將精油與醫療密切結合。

3. 瑪格麗特・摩利

　　瑪格麗特・摩利夫人 (Marguerite Maury) 是芳香療法運用於美容的開山鼻祖，足跡踏遍全歐。瑪格麗特・摩利講授芳香療法、籌開研討會，她希望將研究成果－關於精油對神經系統的作用與促進人類健康及活化細胞的特性，揭櫫於世。她在巴黎、瑞士、英國都設有芳香療法診所，是英國第一位將芳療和美容保養品做結合，並將精油用於皮膚與身體美容回春保養上的重要人物，在英國種下了深厚的芳療基礎，她的研究和著作引起全英國對芳療的重視和推行，故英國人將精油引入醫療系統，並展開臨床研究，1977 年設立了芳療學校。

課後討論

1. 試述芳香療法之定義。

2. 在埃及金字塔陵墓發現哪幾種植物？其有何作用？

3. 相傳曾有東方三賢士帶著何物去尋找聖嬰耶穌？

4. 請您寫出近代芳療先驅及其貢獻。

芳香療法之來源
與萃取方法

Aromatherapy
&
Body Care

2-1 植物精油的由來

　　還記得電影《香水》中，調香師傅在教導男主角葛奴乙以蒸餾法萃取玫瑰花瓣時：「玫瑰花萃取出來的精油就是玫瑰花的靈魂。」那一幕，對於一心求取如何保留香味的葛奴乙而言，當時的表情是蘊含著激動的喜悅，因此我們也可將「精油」比喻為植物的靈魂。

　　植物在大自然中滋長，成長的過程中經過土壤、陽光、空氣、水的洗禮，吸取最原始自然的能量。而人類運用智慧以及知識採用科學的方法從植物的根、莖、葉、樹枝、花、果實、種子、樹脂、木心、枝幹等部位，利用不同的萃取方式萃取植物的靈魂－精油來使用，間接吸收植物被大自然洗禮所帶來的正面能量，進而改善情緒及生活品質，這正是精油奧妙之處，也是目前坊間美容 SPA 店家所提倡的精油芳香療法，在國外則把其列入自然療法的一種。

植物精油的萃取

　　從植物之外觀可知生長構造有根、莖、葉、樹枝、樹皮、木心、枝幹及果實、種子。植物精油的萃取分別由上述部位而得，有些植物精油只萃取單一部位，但有些植物卻可整株萃取。以苦橙樹而言，從果皮萃取之精油稱為苦橙，從葉片萃取之精油稱為苦橙葉，而橙花則萃取自苦橙樹之花朵。精油之香氛也因萃取部位的不同而有所差別，但若相互搭配同質性之精油，卻可激盪出精油香氛的層次感，以下則分別介紹來自不同萃取部位的精油：

- 根：薑、歐白芷根、岩蘭草。
- 莖：絲柏、羅文沙樹、岩玫瑰。
- 葉：苦橙葉、尤加利、茶樹、快樂鼠尾草。
- 花朵：玫瑰、茉莉、洋甘菊、薰衣草、依蘭。
- 種子：茴香、黑胡椒、豆蔻、杜松子。
- 果皮：苦橙、檸檬、佛手柑、葡萄柚。

- 樹皮：肉桂。

- 樹脂：乳香、安息香、沒藥。

- 木心：檀香、花梨木。

- 整株藥草：檸檬香茅、玫瑰草、迷迭香、羅勒。

 2-2　植物精油的特徵

　　在瞭解植物精油的萃取部位後，以下介紹植物精油具備之特質，將可讓我們在使用精油時更能得心應手。

一、高濃縮

　　植物精油是利用不同的萃取方式所提煉出的高濃縮精華，其濃度頗高，如上萬公斤之玫瑰花才能提煉出 1 公斤之玫瑰精油，故應稀釋使用。

二、高度香氛

　　因為高濃縮，所以也擁有高度之香氛，故應以基礎油稀釋調香使用，以避免刺激呼吸系統。

三、易揮發

　　精油有其調性，如同香水也分為前調、中調、基調，依據其揮發速度而有高、中、低之揮發性，故開啟後之保存方式也非常重要，勿放置於高熱及陽光照射到的地方。

四、溶於油脂、酒精，但不溶於水

　　精油有親脂性，故溶於油脂與酒精，但不溶於水。

五、萃取位置不同

植物精油之萃取部位分別來自根、莖、葉、花朵、樹幹、果皮、種子、樹脂、木心等。

六、不同濃度

依萃取部位不同而呈現不同的濃稠度，如乳香、安息香、祕魯香脂萃取自樹脂，故其濃稠度也較高。

七、不同的重量

以上述之安息香為例，因其濃稠度較高相對其比重也較重，如容量同為 10ml 的精油，安息香的重量可能會高於非樹脂類之精油。

八、複雜的有機化學分子

一種植物精油可能有上百種化學分子，如玫瑰精油即有 300 種以上之化學分子，但其均為有機化學之一環。

九、分子

植物精油因為分子細小，故容易滲透皮膚被吸收，進而對人體產生作用。

十、不同的色澤

如深褐色的安息香、藍色的德國洋甘菊、淺綠色的佛手柑。

2-3 植物精油之萃取方式

　　在古文明時代，人類即知道以焚香、水煮、搗碎等方式來使用植物，而後有蒸餾法的出現，進而提升了植物精油之保存及大量生產，現今更因科技的運用而有更多的萃取方式如：蒸餾法、冷壓法、脂吸法、油泡法、溶劑萃取法、超臨界二氧化碳萃取法。簡要介紹如下：

一、蒸餾法

　　又分為蒸汽蒸餾法與水蒸餾法，為目前最普遍之植物精油萃取方法。其蒸餾過程是將要萃取之芳香植物置於蒸餾容器中，再用蒸氣或水加熱，使得植物精油被釋放出來，再經由冷凝器的冷卻作用，而使精油和水之混合物因比重之不同而分餾出精油（上層）及純露（下層）。

二、冷壓法

　　早期之柑橘類精油常用手工之壓製取得，但因較不經濟，故已逐漸被現有的冷壓法所取代，冷壓法即是利用離心機將壓榨過的汁液以壓力將之分離，而萃取出精油。

三、脂吸法

脂吸法最常用在花類精油之萃取，在電影《香水》裡也有介紹此種萃取方式，即是利用動物性油脂如牛油，塗抹於玻璃上再將花朵以適當間距插在油脂上面，讓油脂充分的吸取花朵之精華，當油脂吸滿花朵的精華後再加入酒精，以低溫加熱分離出植物精油。

四、油泡法

所謂油泡法即是把植物浸泡在植物油中，等精油釋放於植物油中，再以予加熱萃取精油。

五、溶劑萃取法

此種萃取方式即為利用甲苯、石油等溶劑淋澆於植物上面讓精油溶於溶劑中，再萃取出精油，但此法有溶劑存留的疑慮，故目前也較少使用此方法。

六、超臨界二氧化碳萃取法

此為目前最新之萃取方法，將植物置於經高壓處理過的二氧化碳溶劑中，再將二氧化碳之壓力降低，使二氧化碳由液態轉為氣體，當氣體揮發後，留下的便為精油。但因此法設備昂貴，故實用性不高。

2-4 影響植物精油品質及價格之因素

在瞭解植物精油之萃取方式及特質後，以下將介紹影響植物精油品質及價格的因素。植物精油的品質優劣及價格會受到植物之生長環境、品種、萃取方式、採收季節、採收時段、栽培方法等因素之影響。分別作如下之說明：

一、生長環境

植物之生長環境受不同的氣候所影響，如在海拔較高的植物與較低海拔生長的同品種植物會因為生長環境的不一樣，所散發的香氣也會有所差異。一般而言，高海拔生長萃取的植物精油價格及品質高於低海拔生長萃取提煉之精油，如高地薰衣草之價格及品質就高於低海拔生產的穗花狀薰衣草或頭狀薰衣草。

二、品種

不同的品種的植物也有不同的療效與香氣，如薰衣草的品種有真正薰衣草、高地薰衣草、穗花狀薰衣草等，其雖有著共同的療效，但穗花狀薰衣草的止痛效果卻比高地薰衣草佳，但若用於舒壓安神，高地薰衣草卻較佳，且其味道也較香甜，價格也較高。

三、萃取方式

不同的萃取方式，所用之萃取溶劑、油脂、時間的長、短及冷壓的程序等都會影響到植物精油的品質及價格。

四、採收的季節

植物精油也會受採收季節的影響而產生不一樣的價格及品質，一般而言，夏季採收之植物所萃取的精油價格通常低於冬季所採收萃取的精油。

五、採收的時段

如在半夜、清晨太陽升起時或中午等不同時段採收，其芳香分子均有所不同。一般而言，以凌晨 4:00 以前採收之植物，所萃取之品質及價格較其他時段來得佳。

六、栽培的方法

栽培的方法因有不同的土質、用水、用藥等均會影響精油的品質及價格。如有機栽培的植物，其通過認證代表其品質較優對人體無害，且萃取出的精油質感也較好，相對其價格也較高於一般土質所栽培出的植物精油。

課後討論

1. 請寫出植物精油的萃取部位有哪些。
2. 請寫出植物精油的特性。
3. 請列出常見的植物精油萃取方法。
4. 請寫出影響植物精油品質與價格之因素有哪些。

CHAPTER

03

芳香療法與
有機化學

Aromatherapy
&
Body Care

3-1 芳香精油與有機化合物

在使用芳香植物精油時，空氣中會布滿植物的芳香氣息，而這些天然的芳香便是由上百種或上千種植物化學分子所組成。而要瞭解芳香療法就必須對精油的化學組成分子有所認識與探索。在認識有機化學時，首先我們先來瞭解植物最重要的化學反應，也就是光合作用。

光合作用之化學反應方程式：

$$6CO_2 + 12H_2O \rightarrow C_6H_{12}O_6 + 6O_2 + 6H_2O$$

人類需藉由攝取食物、水、陽光、空氣等才能維持必須之養分以延續生命之活動，而植物也必須透過體內光合作用的化學反應來維持植物生長所需之物質。所謂光合作用就是植物利用太陽光之光能把空氣中之水分與二氧化碳轉換成可維持生存的有機化學物質，並釋放出氧氣的化學反應過程。此一過程不僅維持植物之基本生命功能，也延續了對地球與人類生存之重要因素。

科學家把存於世界上的物質分為二：一為有機物質，精油便是有機物質。另一為無機物質如酸、鹼、氧化物、礦物等。所謂有機化合物就是指含碳之化合物。但有三種例外：1. 碳的氧化物、2. 碳酸鹽、3. 氰化物及硫氰化物。而精油以有機化合物之型式進入人體，並對人體產生化學反應進而影響生理功能，這些精油分子的基本構造即為下述幾種分子結構：

1. **一種元素**：只由單一種類原子所組成之單純物質，如：碳 (C)、氫 (H)。

2. **一種分子**：是指兩個以上的原子所組成的化學物質如：氧氣分子 (O_2)。

3. **一種化合物**：指由兩個以上的元素所組成，具有固定和絕對比例的物質，如：葡萄糖 ($C_6H_{12}O_6$)。

4. **一個離子**：是一個或一群帶正電或負電的原子，如：鈉離子 (Na^+) 與氯離子 (Cl^-)。

3-2 精油中常見的化學成分

　　以下針對精油中常見的化學成分做一說明，精油常見的化學成分主要可概分為下列三種類型：

一、碳氫化合物 (Hydrocarbons)

　　碳氫化合物即為萜烯類 (Terpenes)，又分為：

1. 單萜烯。

2. 倍半萜烯。

3. 雙萜烯。

二、含氧化合物 (Oxygen Containing Compounds)

　　含氧化合物，包含三類型化學成分：

1. **含氫氧基類 (Hydroxyls)**：又細分為醇類，包括：單萜醇、倍半萜醇、雙萜醇，酚類 (Phenols)。

2. **羰基類 (Carbonyls)**：又分為：

   (1) 醛類：脂肪醛類、芳香醛類。

   (2) 酮類：單萜酮、倍半萜酮、雙酮、三酮。

3. **單鍵氧類**：醚類、酚甲醚類、氧化物。

三、酸類 (Carboxylic Acids)

1. 有機酸類。

2. 酯類、苯基酯類。

3. 內酯類。

4. 香豆素。

四、其他類別

1. 硫化物。

2. 氧化物。

3-3 精油化學成分

一、單萜烯類 (Monoterpenes)

1. **屬性**：單萜烯在大部分的精油均可見其存在，也是精油中最常見的有機化合物成分，其中以芸香科的柑橘類最多。因其分子較小，氣味香甜清香、油質清澈，易揮發及氧化，大部分屬於前調之香氛。

2. **效能**：具有淨化、殺菌、消毒、舒緩、放鬆、美白、促進排水、抗炎、助消化、激勵情緒及提振活力能量等作用。

3. **單萜烯類分子**：

   (1) 檸檬烯 (Limonene)：常見於芸香科和柑橘類之精油，如：檸檬、甜橙、葡萄柚、苦橙等具有利肝、提振交感神經以助消化、排水利尿及促進循環。

   (2) 松烯 (Pinene)：針對黏膜組織具有化痰及收斂、排水利尿之功效，常見於絲柏、蘇格蘭松、乳松、杜松。

二、倍半萜烯類 (Sesquiterpenes)

1. **屬性**：含有 15 個碳原子，由 3 個異戊二烯所組成，倍半萜烯之精油其香氛及分子均較單萜烯來得濃及大，故香味較持久，以木質類之松柏居多，因揮發性較慢，大部分為中調或基調之香氛。

2. **效能**：具有平衡、鎮定焦慮、煩躁之情緒，可提升副交感神經，並具備消炎、止痛、抗痙攣及清潔抑菌、排水、利尿等功效。

3. **倍半萜烯類分子：**

   (1) 甘菊藍烯 (Chamazulene)：具有極佳之抗菌、消毒及抑制炎症之效果，以柑橘類精油居多，如洋甘菊、德國洋甘菊。

   (2) 沒藥烯 (Bisabolene)：具有良好之抑制病毒之功效和反擊性的通經效果，故針對荷爾蒙所引發之月事不順具有療效，但懷孕期間不可以使用。

   (3) 雪松烯 (Cedarene)：具有良好之消炎祛痰、排水利尿及安定情緒之功效，以松類精油居多。

三、單萜醇類 (Monoterpenols)

1. **屬性：** 由 1 個氫氧基與 10 個碳原子所組成，單萜醇所蘊含之醇類被公認是精油中最有益的成分之一，其揮發度比單萜烯低，容易產生氧化，故需注意保存方式。

2. **效能：** 具有抗菌、消毒、防感染、抗黴菌，提振情緒與精神、撫慰人心、利肝與協助血管收縮之功效。

3. **單萜醇類分子：**

   (1) 沉香醇（芳樟醇）：具抗菌之效果，能抑制金黃色葡萄球菌及白色念珠菌之生長。

   (2) 香茅醇：具有安撫中樞神經及抗黴菌之效果。

   (3) 薄荷醇：具有鎮靜止痛、提振精神、改善胸悶之效果。

   另有牻牛兒醇、薄荷醇、尤加利醇。

四、倍半萜醇類 (Sesquiterpenols)

1. **屬性：** 由 1 個氫氧基和 15 個碳原子所組成，其分子較大，具親油性，故揮發較慢，因此也降低皮膚之吸收速度。

2. **效能：** 可提振精神、平衡情緒；調節內分泌與神經系統、刺激白血球之產出，增強免疫力及促進皮膚再生。

3. **倍半萜醇類分子：**

(1) 橙花醇：具有抑制大腸癌細胞之生長、抗菌、抗感染。

(2) 雪松醇：具有排水腫、利尿、抗炎症之效果。

(3) 沒藥醇：具有抗敏感及消炎、抗菌、癒合傷口、皮膚再生之效果。

(4) 檀香醇：研究發現能抑制疱疹、病毒及皮膚癌之功效。

另有金合歡醇、麝子油醇。

五、單萜酮類 (Monoterpenones)

1. **屬性**：由 1 氧原子以雙鍵連結碳原子，碳原子兩側各接 1 碳原子所組成。因具神經毒，故建議不要長期使用，濃度以 1% 左右為宜，孕婦、幼兒及癲癇者避免使用。

2. **效能**：有鎮定安撫情緒之功效，也具有止痛、抗病毒、化痰、促進皮膚再生、抗凝血之功能。

3. **單萜酮類分子：**

(1) 側柏酮：具有止痛、抗消炎、抗病毒之功效。

(2) 茴香酮：具鎮靜、止痛、促進循環等療效。

(3) 香旱芹酮：可抑制癌細胞及降低膽固醇。

(4) 樟腦：具抗菌、止痛、鬆弛靜脈壁肌肉。

另有茉莉酮、義大利雙酮、馬鞭草酮。

六、倍半萜酮類 (Sesquiterpenones)

1. **屬性**：倍半萜酮較單萜酮溫和且較不具毒性，但仍建議以低劑量為宜，不可長期使用。

2. **效能**：可解瘀化痰、抗病毒、促進細胞再生及傷口癒合，修補內心之創傷、具備愛的能力。

3. 倍半萜酮類分子：

   (1) 大西洋酮：具消炎、去腫脹、排水及抗菌之效果。

   (2) 紫羅蘭酮：可增強免疫功能，具有抑制癌細胞之功效。

   (3) 印蒿酮：止痛、抗痙攣。

   (4) 大根老鸛草酮：可促進及調節荷爾蒙及減低性功能障礙。

七、酚類 (Phenols)

1. **屬性**：酚類是一個氫氧基接在芳香環之結構。酚類分子均是以苯基丙烷的衍生物形式存在於植物精油中。易產生皮膚刺激且具有肝毒性，建議以不超過 1% 的低濃度劑量及短期使用。

2. **效能**：殺菌、消毒、抗感染、止痛、抗痙攣，可激勵人心、提振精神，使人振奮、積極。

3. **酚類分子**：

   (1) 丁香酚：可促進循環及止痛，具抗菌與局部麻醉之功效。

   (2) 百里酚：具良好之抗菌能力、抗氧化效果及降低膽固醇。

   (3) 香芹酚：具抑菌、消毒之能力，可抑制膽固醇之生成。

八、酯類 (Esters)

1. **屬性**：酯類分子為酸類分子與醇類分子產生化學反應後之產出物，多數的酯類具有香甜宜人之香氣，且具有親油性，精油中屬於最具穩定與溫和之效果。

2. **效能**：具有平衡中樞神經系統、交感與副交感神經系統、抗痙攣、消炎、止痛、抗菌、促進細胞再生及鎮靜、安撫情緒等功效。

3. **酯類分子**：

   (1) 乙酸沉香酯：鎮靜、安撫、安神，有極佳之療效，並具促循環、消炎、止痛、抗痙攣等作用。

   (2) 乙酸苯甲酯：具有調節平衡內分泌、荷爾蒙及舒緩壓力所造成之症狀。

(3) 水楊酸甲酯：具有極佳消炎、止痛、抗痙攣之功效。

另有橙花酯、牻牛兒酯、乙酸龍腦酯。

九、內酯類 (Lactones)

1. **屬性**：為環狀結構的酯類。以柑橘類的芸香科與繖形科居多。芸香科之內酯類具有光敏性，使用後應避免日曬，以免曬黑及造成皮膚敏感。

2. **效能**：可使情緒平穩、舒適、緩解負面情緒，帶給心靈寧靜，有去黏液、促進血液循環、降血壓、化痰之功效。

3. **內酯類分子**：

   (1) 欖香脂：有促循環、腸胃蠕動之功效。

   (2) 呋喃香豆素：有促循環，幫助新陳代謝、止痛、抗痙攣之功效。

   (3) 佛手柑內酯：有排水、利尿、平穩情緒之功效。

   (4) 香桃木內酯：有舒壓安穩心靈及鎮痛之功效。

   (5) 七葉樹脂：促循環、止痛之功效。

十、醛類 (Aldehydes)

1. **屬性**：為一羰基與氫原子結合於一個碳鏈末端的碳原子上之分子，醛類分子較不穩定，易產生氧化，故應注意保存方法以免造成皮膚敏感，建議濃度以低劑量為宜。

2. **效能**：可安撫鎮定神經系統，消炎、降血壓、抗菌、抗病毒、舒張血管、降溫、抗焦慮、安神、給予希望及力量。

3. **醛類分子**：

   (1) 檸檬醛：有排水、利尿、促循環、殺菌、抗炎症等療效。

   (2) 香茅醛：有抗菌、抗黴菌、消炎、止痛、安撫神經之功效。

   (3) 葵醛：有促循環、止痛、舒緩情緒之作用。

十一、芳香醛類 (Aromatic Aldehydes)

1. **屬性**：同醛類。

2. **效能**：在精油中芳香醛的含量通常較少，雖帶有刺激性，但抗菌效果顯著，也能帶來溫暖人心之功效。同酚類，可刺激內臟機能、幫助消化。

3. **芳香醛類分子**：

   (1) 肉桂醛：有極良好的抗病毒效果。容易刺激皮膚，不可高濃度及直接使用，可刺激血液循環及代謝。肝臟中之穀胱甘肽之運作會受到肉桂醛之影響，進而阻礙到肝臟對抗自由基，造成人體衰老與病變。

   (2) 洋茴香醛：有極佳的抗菌與防止感染之功效，可促進血液循環及新陳代謝，不可直接塗抹於皮膚，並使用低劑量以免造成敏感。

十二、醚類

1. **屬性**：醚類在精油中為少見之微量分子，在植物中大多數的醚類分子均屬於酚甲醚之結構式，醚類中含有酚類的芳香環結構，因此兩者常被稱為酚醚類，其分子非常穩定，可耐光、熱。

2. **效能**：可穩定神經系統，改善沮喪之情緒，針對胃痛、痙攣所引起之不適可帶來抒解之功效，提振免疫能力，並可消炎止痛。含類女性荷爾蒙激素可舒緩情緒問題，有少量麻醉效果，不可高劑量及長期使用，易造成呆滯或抽搐。

3. **醚類分子**：

   (1) 黃樟腦：因可能引發肝毒性，故不可長期使用；且孕婦及幼兒不可使用。

   (2) 大茴香腦：低劑量使用有麻醉之功效，可止痛、消炎，尤對胃部及骨骼所引起之痙攣抽痛頗具療效。

   (3) 肉豆蔻醚：可增進血清素分泌，幫助穩定情緒，減輕憂慮。

   (4) 雌激素腦：又稱為動情腦，針對骨骼肌肉有極佳之抗痙攣之功效。

   另有欖香脂素、甲基醚丁香酚。

十三、氧化物

1. **屬性**：由碳原子和氧原子一同形成之環狀醚之結構式，大部分從醇類中之氫氧基衍生而來。以姚金孃科之植物最為豐富，分子穩定、但揮發較快、有明顯之氣味香氛。

2. **生理效能**：可促進黏膜分解，祛痰、消炎、抗病毒，針對呼吸道之感染可帶來緩解，可激勵循環消化、呼吸等系統，提振免疫能力。

3. **心理效能**：可提振精神、使人擁有積極正向之思維，得以消除恐懼，使人堅強，並增進邏輯思考。

4. **常見分子**：

   (1) 桉油醇氧化物：針對呼吸道感染所引發之症狀具有療效（氣喘患者例外），為最常見之氧化物。精油代表：尤加利、白千層。

   (2) 玫瑰氧化物：可平衡內分泌及荷爾蒙之分泌，平穩經期及更年期之不適，可撫慰人心。精油代表：天竺葵、玫瑰。

   (3) 沒藥醇：針對過敏所引起之症狀具有緩解之功效。精油代表：德國洋甘菊。

   另有沉香醇氧化物、丁香油烴氧化物、胡蘿蔔醇氧化物、石竹烯化合物。

5. **注意事項**：

   (1) 由於結構式與醚類分子相似，某些分子若高濃度使用會造成反應遲緩之效果。

   (2) 桉油醇氧化物因氣味較強烈，恐引起呼吸道刺激，故氣喘患者應謹慎使用，並以低劑量 1% 以下濃度為宜。

課後討論

1. 請您寫出單萜烯類精油之屬性及效能。

2. 請您寫出倍半萜類精油之屬性及效能。

3. 請您寫出單萜醇類精油之屬性及效能。

4. 請您寫出倍半萜醇類精油之屬性及效能。

5. 請您寫出酯類精油之屬性及效能。

6. 請您寫出酚類精油之屬性及效能。

7. 請您寫出醚類精油之屬性及效能。

8. 請您寫出倍半萜酮類精油之屬性及效能。

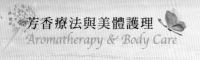

芳香精油進入人體的途徑
與簡要人體生理學

Aromatherapy
&
Body Care

4-1　精油進入人體的途徑

　　植物經過萃取後，其分子小，易為人體所吸收，而植物精油可利用各種方式幫助人體吸收。如塗抹於皮膚上做按摩，藉由皮膚吸收；嗅覺吸收，如點薰燈或芳香蒸氣，經由呼吸系統吸收而進入人體；淋浴法，如半身浴、盆浴、足浴、全身浴、濕布法、灌洗法等吸收而進入人體，以下針對上述途徑進行分類並說明：

一、皮膚按摩吸收法

　　皮膚是人體最大的器官也是人體免疫系統的第一道防線，皮膚中的水分可防禦外來的細菌、病毒等之侵害，當分子細小的精油透過按摩之途徑進入皮膚時，水分吸收的速度會按照使用者膚質的條件、精油的特質及當時的環境溫度而有吸收的快慢。以精油按摩在皮膚上面是身體吸收精油最好的途徑，品質良好的植物複方精油加上精純的手技按摩，不僅可使身體血液循環及新陳代謝良好，更可解除因情緒壓力及飲食不當所帶來的不適及水腫等問題，但應注意如有重大疾病及傷口或骨折時請勿進行芳香按摩。皮膚按摩可用於全身、肩頸背穴、手足、腹部、胸部。

以下為皮膚按摩吸收法對身體的益處

1. 促進新陳代謝與血液循環。
2. 加速體內廢水的排除。
3. 減緩肌肉僵硬疼痛。
4. 減緩骨骼之痠痛。
5. 抒解壓力、放鬆情緒。
6. 使皮膚光澤有彈性。

🌰 **下列情況暫緩精油按摩**

1. 懷孕初期前三個月與後兩個月暫勿使用，懷孕期間花朵類與香料類精油則須謹慎使用或暫停使用。

2. 有嚴重傷口或傷痛時。

3. 有重大疾病，如不明腫瘤或癌症時。

4. 皮膚潰爛或有感染時。

5. 手術部位未滿半年者。

6. 靜脈曲張嚴重者。

7. 月經來潮時及前三天。

二、嗅覺吸收法

當我們聞到喜歡的味道，便會產生愉悅感，或者聞到自己厭惡排斥的味道也會嗤之以鼻，而喜歡的味道與排斥的味道都是人類最基本原始的自然反應，這就是與生俱來的嗅覺。芳香精油是以氣態的方式散播於空氣中，透過呼吸系統的吸收進入人體，使身心達到療癒，而以嗅覺吸收法吸入人體的途徑有：

1. 薰香法：如用擴香儀或薰燈以電熱方式，將芳香精油之分子散播於空氣中，常用於居家或工作場所中。

2. 水蒸氣法：即將精油滴入於熱水蒸氣中再以口鼻做嗅吸的動作，特別適用於有感冒症狀者。

3. 噴霧式：噴霧式之方式即為將精油加入蒸餾水及適量酒精噴灑於空氣中，適用於居家、浴室及淨化磁場。

4. 手帕及口罩式：即將精油滴 1~2 滴於手帕或口罩上嗅吸，適用於外出場合或進入醫院公共場所及搭乘大眾運輸系統時，可用於抗病毒及提神使用。

以下為嗅覺吸收法對於人體之益處

1. 可減輕呼吸系統之疾病：乳香、絲柏、雪松、沒藥、尤加利。

2. 可舒緩感冒所帶來之症狀：尤加利、薄荷、大西洋雪松、茶樹。

3. 可提升免疫力：佛手柑、葡萄柚、薑、羅勒、迷迭香。

4. 可提振精神：葡萄柚、歐薄荷、薰衣草、沒藥。

5. 可殺菌、抗病毒：薑、迷迭香、佛手柑、檸檬、香茅。

6. 淨化空氣：乳香、絲柏、綠薄荷、檸檬、真正薰衣草。

7. 可製造愉悅的香氛、改變情緒：茉莉、玫瑰、高地薰衣草、甜橙、依蘭。

8. 可抒解壓力：高地薰衣草、甜橙、橙花、綠薄荷。

9. 可穩定神經系統：苦橙、甜橙、高地薰衣草、玫瑰、橙花。

三、沐浴法

　　水可洗滌身體的疲憊，帶給身心沉靜的沐浴法也是水療 SPA 的一種，可以讓人在水療使用的過程中享受到真正的放鬆，其法可分為：

1. 全身浴：即為全身泡澡，可舒緩全身緊繃的肌肉，達到放鬆的效果。

2. 半身浴：即針對胸部、心臟以下之部位進行泡澡。

3. 臀浴：即針對痔瘡或泌尿系統疾病做治療之沐浴法。

4. 足浴：針對身體較為虛寒者、冬天手腳冰冷者，及晚上睡不著覺者可使用足浴，另患有黴菌感染之病患也可使用。

🌢 沐浴法的益處

1. 促進身體之血液循環及新陳代謝：茴香、薑、香茅、迷迭香、黑胡椒。

2. 舒壓放鬆：甜橙、薰衣草、玫瑰、橙花。

3. 舒緩痠痛：洋甘菊、鼠尾草、甜馬鬱蘭、羅勒。

4. 改善泌尿道感染：絲柏、雪松、佛手柑、沒藥、白千層、安息香。

5. 殺菌、抗感染：鼠尾草、茶樹、葡萄柚、檸檬香茅、薑。

🌢 下列情況暫緩使用沐浴法

1. 嚴重發高燒者。

2. 有嚴重心血管疾病者。

四、濕布法

　　濕布法為將精油滴於水裡面，再用毛巾沾取擰乾後，敷於局部痠痛或腫脹部位，分為：熱濕布與冷濕布。熱濕布法多用於去瘀及促進循環，冷濕布法大致上用於發燒或去腫脹。

🌢 濕布法的益處

1. 消腫脹：薄荷、尤加利、乳香、杜松子、香茅。

2. 活血、去瘀：永久花、藏茴香、薑。

3. 退燒：尤加利、苦橙、檀香、茴香。

4. 頭痛：洋甘菊、綠薄荷、迷迭香、鼠尾草、肉桂。

5. 消炎止痛：甜馬鬱蘭、羅勒、迷迭香、茴香、檸檬、香茅、洋甘菊。

🌢 下列情況暫緩使用濕布法

　　患處有傷口感染發炎時。

4-2 芳香精油對人體生理系統之作用

　　細胞是人體的最小單位，功能相似的細胞結合在一起稱為組織，在身體內有4種組織，分別為：1.上皮組織、2.結締組織、3.肌肉組織、4.神經組織，而不同的組織結合在一起則構成器官，功能相關的器官所發揮之特定功能即為系統。人體組織及器官等8個系統雖各司其職，但卻息息相關，當其中1個系統發生問題時，相對的也會影響到其他系統的正常運作。所以也解釋為人體是由細胞→組織→器官→系統組織的一個生命的有機體。以下即針對生命有機體的11個系統，作簡要之論述。

一、皮膚系統

　　皮膚是人體面積最大的器官，也是人體對外的第一道防禦系統，約占一個成人體重的16~20%左右，在結構上可分為表皮、真皮與皮下組織。在皮膚檢測儀下正常的膚質紋路為三角形，且紋路明顯，表示其保水性強、濕潤有彈性，呈現出弱酸性的膚質，但皮膚常因受到外界之侵襲，如使用鹼性過強之清潔用品或受到感染，都有可能影響到皮膚的平衡而產生皮膚之病變。以下即介紹皮膚之構造：

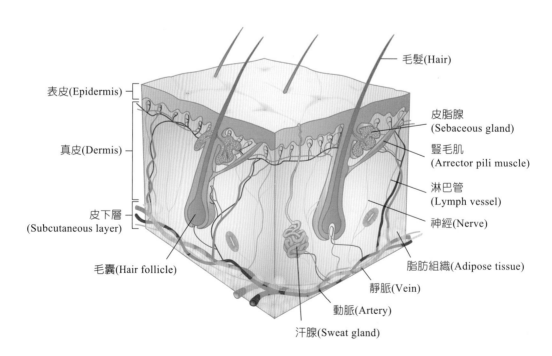

1. 表皮：表皮來自於外胚之複層鱗狀，上皮組織的構成內含：角質細胞、黑色素細胞、蘭氏細胞和葛蘭氏細胞。皮膚由外而內分別有角質層、透明層、顆粒層、有棘層、基底層，其角化代謝的時間約為 28 天左右，也是影響皮膚粗細的重要因素。

2. 真皮層：真皮層為中胚層所形成，主要含有膠原纖維、網狀纖維及彈性纖維的結締組織所組成的乳頭層及網狀層。真皮層內含有毛囊、微血管、汗腺、皮脂腺、神經等，其中膠原纖維與彈性纖維更是維持皮膚光澤與彈性之重要組織。

3. 皮下組織：皮下組織為皮膚之最下層，含有大量之脂肪細胞，用以儲存能量及保護身體之基本熱能，以維持人體器官之運作。

而皮膚也有保護、調節體溫、吸收、排泄、感覺、美觀等功能。

皮膚系統之芳香療法

症狀大多為皮膚油脂分泌過多，而造成的細菌感染問題，如面皰、痤瘡、膿皰及皮脂漏等，或太乾燥缺乏保濕，而造成的敏感、濕疹或黴菌感染等。

皮膚系統之用油

1. 面皰、痤瘡：佛手柑 1d ＋薰衣草 2d ＋茶樹 1d ＋橙花 1d ＋荷荷芭油 25ml。

2. 膿皰：檸檬 1d ＋薰衣草 2d ＋茶樹 1d ＋天竺葵 1d ＋荷荷芭油 15ml ＋葡萄籽油 10ml。

3. 皮脂漏：快樂鼠尾草 1d ＋薰衣草 3d ＋檸檬 1d ＋荷荷芭油 10ml ＋甜杏仁油 15ml。

4. 淡斑美白：檸檬 1d ＋玫瑰 1d ＋玫瑰天竺葵 2d ＋茉莉 2d ＋玫瑰果油 10ml ＋甜杏仁油 15ml。

5. 敏感：洋甘菊 1d ＋玫瑰 1d ＋薰衣草 2d ＋茉莉 1d ＋甜杏仁油 25ml。

6. 濕疹：薰衣草 2d ＋洋甘菊 2d ＋天竺葵 1d ＋杜松 1d ＋甜杏仁油 25ml。

7. 保濕抗老化：安息香 2d ＋乳香 1d ＋玫瑰 1d ＋橙花 1d ＋甜杏仁油 15ml ＋榛果油 10ml。

8. 黴菌感染：尤加利 2d ＋茶樹 2d ＋薑 2d ＋甜杏仁油 10ml。

9. 橘皮組織：葡萄柚 2d ＋杜松子 2d ＋茴香 1d ＋基底油 10ml。

二、骨骼系統

　　人體是由 206 塊骨骼支撐而成的，骨骼依其形狀分為：1. 長型骨，如肱骨、股骨為四肢之骨骼；2. 短骨，如手指骨；3. 不規則骨如脊椎骨、蝶骨；4. 扁平骨，如肋骨；5. 種子骨，如膝蓋骨。上述不同形狀的骨骼支撐著人體的身高，而人體骨骼系統又可分為中軸骨與附肢骨骼兩大部分。其中，中軸骨骼包括顱骨、脊椎、胸廓，附肢骨及下附肢骨則位於附肢骨骼。

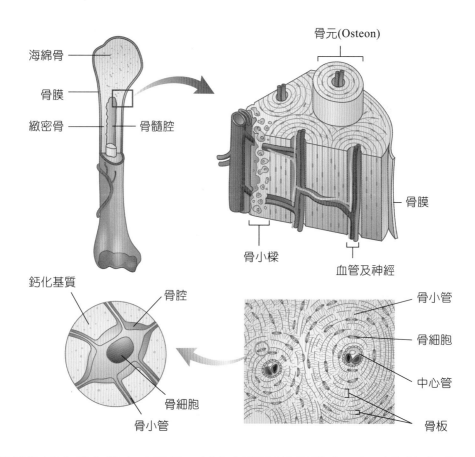

　　骨骼除了支撐身體之功能外，另有保護組織與器官，以及維持身形、製造紅血球與白血球，協助儲存人體所需之養分、保護維生器官與組織、連接肌肉與肌腱、增強免疫等功能。

骨骼系統之芳香療法

　　骨骼常見之疾病有以下數種：1.骨折、2.扭傷、3.骨關節炎、4.骨質疏鬆、5.痛風，調油配方以消炎、止痛為主。

1. 骨折：尤加利 2d ＋真正薰衣草 2d ＋洋甘菊 2d ＋基底油 10ml。

2. 扭傷：歐薄荷 2d ＋甜馬鬱蘭 2d ＋薑 2d ＋基底油 10ml。

3. 骨關節炎：迷迭香 2d ＋洋甘菊 2d ＋西洋蓍草 2d ＋基底油 10ml。

4. 骨質疏鬆：洋甘菊 3d ＋真正薰衣草 3d ＋西洋蓍草 4d ＋基底油 10ml。

5. 痛風：歐薄荷 2d ＋迷迭草 2d ＋薑 2d ＋基底油 10ml。

三、肌肉系統

　　前段介紹骨骼系統，知其主要功能為支撐人體，而肌肉則是賦予骨骼移動的系統，因此兩者關係可謂相輔相成為一共同體。肌肉是由 600 塊以上之組織結合而成，約占體重約 40~50%，其中包含蛋白質、水分與礦物質。

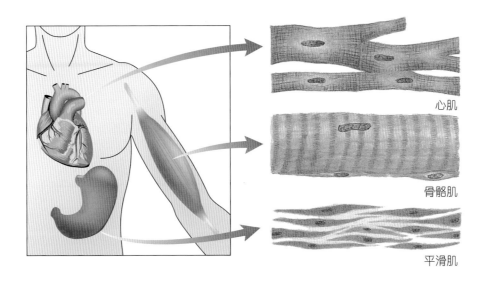

心肌

骨骼肌

平滑肌

肌肉的種類有三種

1. 心肌：會進行規則的收縮，如心臟收縮運動。

2. 平滑肌：指消化道、泌尿道等肌群，會進行規律而緩慢的收縮，又稱為不隨意肌。

3. 骨骼肌：會隨意志而進行快或慢的移動及支撐骨骼，又稱為隨意肌。

　　肌肉除有穩定骨骼之功能外，尚有協助肢體伸展、內臟器官的運作，及維持關節的穩定，並幫助骨骼肌維持某些固定的姿勢。

肌肉系統的芳香療法

　　肌肉系統常見的疾病有：1. 拉傷、2. 抽筋、3. 肌肉發炎、4. 肌肉僵硬、5. 肌肉痠痛，調油配方以消炎、止痛、促進血液循環為主。

1. 拉傷：肌肉若經外力或不當運動較易造成拉傷，可用歐薄荷 2d ＋丁香 1d ＋洋甘菊 2d ＋薑 1d ＋基底油 10ml。

2. 抽筋：黑胡椒 2d ＋真正薰衣草 2d ＋薑 2d ＋基底油 10ml。

3. 肌肉發炎：香茅 2d ＋洋甘菊 2d ＋迷迭香 2d ＋基底油 10ml。

4. 肌肉僵硬：歐薄荷 1d ＋洋甘菊 2d ＋真正薰衣草 2d ＋薑 1d ＋基底油 10ml。

5. 肌肉痠痛：肉桂 2d ＋杜松子 2d ＋薑 2d ＋基底油 10ml。

四、呼吸系統

　　人體內各器官之細胞為能生存，必須吸入氧氣以供給細胞之運作，並且排出體內之二氧化碳，此一氣體交換過程即為呼吸作用。

　　呼吸系統包括上呼吸道及下呼吸道兩部分，上呼吸道包含：鼻、口腔、咽喉；下呼吸道包含整個肺部，其中肺泡是肺部進行氣體交換的主要場所，在呼吸過程中於肺泡所進行的氣體交換能讓體內細胞得到更佳的含氧量，以提供各系統之平衡運作，此種作用也稱為「外呼吸」。

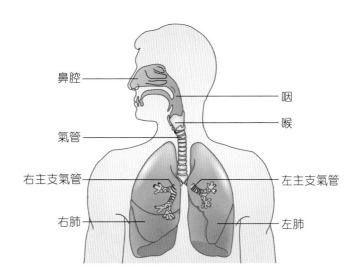

　　而另外一氣體交換行為「內呼吸」，是指組織細胞處的氣體交換，即組織細胞會讓用完的二氧化碳進入血液中，讓血液帶回肺部並排出體外，也意指經由血液進行組織與肺部的吸收氧氣、排出二氧化碳的行為。

呼吸系統主要重要功能

1. 進行吸入氧排除二氧化碳之功能。

2. 維持體內血液中含氧量之更新。

3. 維持體內血液之酸鹼值。

4. 發出聲音。

5. 可幫助肺循環。

6. 嗅覺。

呼吸系統的芳香療法

　　呼吸系統常見的疾病有：1.支氣管炎、2.咳嗽、3.氣喘、4.鼻竇炎、5.過敏性鼻炎、6.感冒、7.肺炎等。

1. 支氣管炎：洋甘菊 2d ＋雪松 2d ＋尤加利 1d ＋基底油 10ml。

2. 咳嗽：尤加利 1d ＋絲柏 2d ＋德國洋甘菊 2d ＋乳香 1d ＋基底油 10ml。

3. 氣喘：香蜂草 2d ＋洋甘菊 2d ＋絲柏 1d ＋基底油 10ml。

4. 鼻竇炎：洋甘菊 5d（羅馬或德國）＋基底油 10ml。

5. 過敏性鼻炎：洋甘菊 2d ＋茶樹 1d ＋薰衣草 2d ＋基底油 10ml。

6. 感冒：雪松 2d ＋尤加利 2d ＋綠薄荷 1d ＋基底油 10ml。

7. 肺炎：丁香 1d ＋佛手柑 2d ＋洋甘菊 2d ＋基底油 10ml。

五、消化系統

人體必須攝取食物以提供體內養分，而食物從口腔經過咀嚼後進入食道，再經過胃、腸等不同之器官發揮作用，而得以讓身體獲取養分，人體的消化系統除了攝取食物，並消化吸收外，另可將體內廢物藉由肛門排出體外。

消化系統主要功能

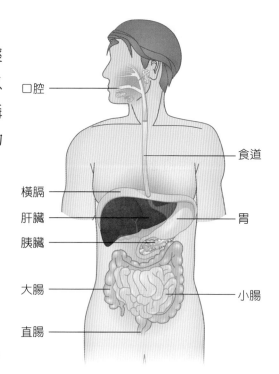

口腔

食道

橫膈
肝臟
胰臟

胃

大腸

小腸

直腸

1. 攝取食物、供給體內營養素。

2. 將食物分子變為細小以利人體吸收。

3. 協助分泌對人體有益之酵素。

4. 協助分解食物中之營養素，如：蛋白質、澱粉質、葡萄糖、胺基酸等。

5. 分泌黏液使糞便易於排出體外。

6. 儲存身體需要的養分。

人體的消化系統包括：牙齒、口腔、食道、咽喉、胃、小腸、大腸、肝臟、膽、胰臟、肛門等。

消化系統的芳香療法

消化系統常見的疾病有：1. 便祕、2. 消化不良、3. 下痢、4. 痔瘡、5. 腸躁症、6. 胃炎、7. 腸炎、8. 厭食、9. 肝病等，關於消化系統的不適可藉助以下芳香療法的運用來減緩其症狀：

1. 便祕：茴香 1d ＋黑胡椒 2d ＋洋甘菊 2d ＋基底油 10ml。

2. 消化不良：綠薄荷 1d ＋洋甘菊 2d ＋薑 2d ＋基底油 10ml。

3. 下痢：茶樹 2d ＋甜橙 1d ＋真正薰衣草 2d ＋基底油 10ml。

4. 痔瘡：苦橙葉 2d ＋茴香 1d ＋洋甘菊 2d ＋基底油 10ml。

5. 腸躁症：甜橙 2d ＋茴香 1d ＋洋甘菊 1d ＋橙花 1d ＋基底油 10ml。

6. 胃炎：苦橙 2d ＋真正薰衣草 2d ＋洋甘菊 1d ＋基底油 10ml。

7. 腸炎：檸檬草 2d ＋雪松 2d ＋洋甘菊 2d ＋基底油 10ml。

8. 厭食：甜橙 2d ＋丁香 1d ＋薑 2d ＋基底油 10ml。

9. 肝病：綠薄荷 2d ＋茴香 2d ＋玫瑰 1d ＋基底油 10ml。

六、神經系統

神經系統是由神經元所組成，而神經細胞可分為 3 種：

1. 感覺神經元：如感覺來自外界的熱、痛、觸、壓、視覺、味覺，還有嗅覺等刺激。

2. 運動神經元：當身體肌肉與骨骼進行運作時，即是受到中樞神經系統所發布的訊號影響，此作用即為運動神經元。

3. 聯合神經元：即連接感覺神經元與運動神經元，以維持體內各系統發揮平衡運作的機制。

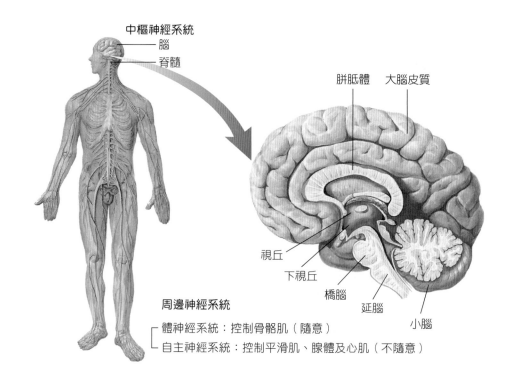

中樞神經系統
—— 腦
—— 脊髓

胼胝體　大腦皮質

視丘

下視丘

橋腦

延腦

小腦

周邊神經系統

體神經系統：控制骨骼肌（隨意）
自主神經系統：控制平滑肌、腺體及心肌（不隨意）

　　神經系統又可分為中樞神經系統與周邊神經系統，中樞神經系統由腦及脊椎組成。分別負責身體的隨意與不隨意之運動及腦部與肢體間之傳遞神經訊號。另一為周邊神經系統，專司內臟機能之運轉，以分泌內分泌素及負責將身體各系統之感官訊號傳導至中樞神經。神經系統有以下之功能：

1. 接收來自外界之刺激傳遞。

2. 保護腦及脊椎。

3. 維持身體機能的平衡運作。

4. 協助淋巴系統之免疫反應。

5. 協助食物消化過程。

6. 協助肌肉之伸展及收縮。

神經系統的芳香療法

　　神經系統的常見疾病有：1.頭痛、2.失眠、3.腕隧道症候群、4.腦中風、5.阿茲海默氏症、6.記憶力衰退、7.疱疹引起的神經痛、8.脊椎炎、9.坐骨神經痛…等，而關於神經系統的不適可藉助以下芳香療法的運用來減緩其症狀：

1. 頭痛：歐薄荷 2d ＋真正薰衣草 2d ＋玫瑰 2d ＋基底油 10ml。

2. 失眠：甜橙 2d ＋高地薰衣草 2d ＋橙花 2d ＋基底油 10ml。

3. 腕隧道症候群：苦橙 2d ＋洋甘菊 2d ＋薑 2d ＋基底油 10ml。

4. 腦中風：高地薰衣草 2d ＋鼠尾草 3d ＋基底油 10ml。

5. 阿茲海默氏症：高地薰衣草 2d ＋迷迭香 2d ＋羅勒 2d ＋基底油 10ml。

6. 記憶力衰退：佛手柑 2d ＋天竺葵 2d ＋羅勒 2d ＋基底油 10ml。

7. 疱疹引起的神經痛：真正薰衣草 2d ＋洋甘菊 2d ＋依蘭 2d ＋基底油 10ml。

8. 脊椎炎：甜馬鬱蘭 2d ＋洋甘菊 2d ＋安息香 2d ＋基底油 10ml。

9. 坐骨神經痛：羅勒 3d ＋杜松子 3d ＋西洋蓍草 2d ＋薑 2d ＋基底油 10ml。

七、內分泌系統

人體內之器官及系統能夠維持正常恆定之運作，以維持生理之功能，主要來自於內分泌系統與神經系統的平衡控制機制。內分泌系統會分泌出影響體內細胞活動的荷爾蒙激素。因其沒有固定的導管腺體，故分泌出來的荷爾蒙激素，會直接進入微血管中，經由血液循環輸送，而產生作用。人體的內分泌素既有：腦下腺、松果體、甲狀腺、副甲狀腺、胸腺、腎上腺、胰腺、性腺（睪丸、卵巢）。內分泌腺的荷爾蒙會影響人體健康及情緒，其分泌的荷爾蒙過多與過少均會造成對身體器官的正常運作及情緒的失衡。

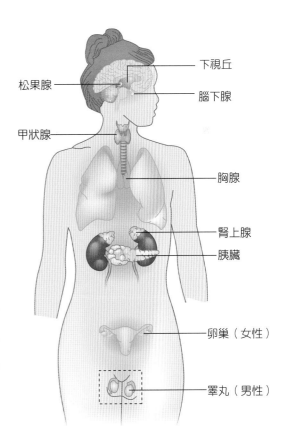

松果腺

甲狀腺

下視丘

腦下腺

胸腺

腎上腺

胰臟

卵巢（女性）

睪丸（男性）

內分泌系統之功能

1. 與神經系統相互協調進而維持身體系統的平衡穩定機制。

2. 維持甲狀腺正常功能。

3. 維持腎上腺皮質功能。

4. 刺激濾泡素及黃體素，使濾泡排卵及分泌助孕素及泌乳機制。

5. 可調節血鈣之濃度。

6. 促進性成熟，幫助身體發育。

7. 促進蛋白質的合成及將糖轉化為脂肪。

內分泌系統的芳香療法

　　內分泌系統異常，常跟情緒及內分泌腺本體缺陷有關。常見的疾病有：1.甲狀腺機能亢進、2.甲狀腺腫、3.月經不順、4.更年期、5.經前症候群、6.糖尿病、7.焦躁不安、8.憂慮，而關於內分泌系統的不適可藉助以下芳香療法的運用來減緩其症狀：

1. 甲狀腺機能亢進：茶樹 2d ＋岩蘭草 2d ＋橙花 2d ＋基底油 10ml。

2. 甲狀腺腫：真正薰衣草 2d ＋洋甘菊 2d ＋香桃木 2d ＋基底油 10ml。

3. 月經不順：薑 2d ＋快樂鼠尾草 2d ＋玫瑰 2d ＋基底油 10ml。

4. 更年期：快樂鼠尾草 2d ＋玫瑰 2d ＋橙花 2d ＋基底油 10ml。

5. 經前症候群：葡萄柚 2d ＋天竺葵 2d ＋依蘭 2d ＋基底油 10ml。

6. 糖尿病：香蜂草 2d ＋真正薰衣草 2d ＋玫瑰 2d ＋基底油 10ml。

7. 焦躁不安：苦橙 2d ＋高地薰衣草 2d ＋橙花 2d ＋基底油 10ml。

8. 憂慮：甜橙 2d ＋高地薰衣草 2d ＋橙花 2d ＋基底油 10ml。

八、泌尿系統

　　人體具排泄功能的系統除前述所提到的皮膚系統、呼吸系統及消化系統外，尚有泌尿系統。泌尿系統最主要的功能是排除體內之廢水，也可以說是身體最佳廢水過濾器，泌尿系統之器官包括一對腎臟，具有淨化血液的功能，裡面有腎臟皮質、腎臟髓質及腎盂三個構造。兩根輸尿管負責將腎盂中的尿液運送至膀胱儲存。另一個膀胱及尿道括約肌是尿液的囊袋及讓尿液可經由尿道流出的重要機轉。最後一個器官是尿道，而男女因構造不同，尿道的長度也不同，男性約 20 公分左右，而女性較短約 3~5 公分，因此以尿道感染發炎的現象，較常發生在女性身上，因此女性更應注意尿道炎的預防。

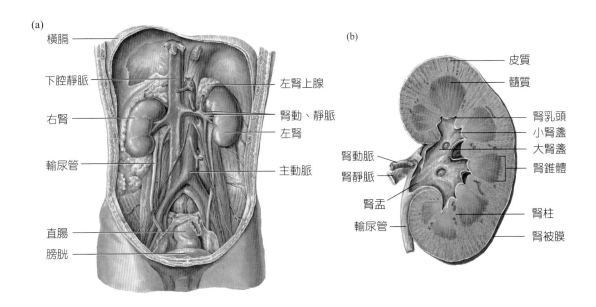

(a)
橫膈
下腔靜脈
右腎
輸尿管
直腸
膀胱
左腎上腺
腎動、靜脈
左腎
主動脈

(b)
皮質
髓質
腎乳頭
小腎盞
大腎盞
腎錐體
腎柱
腎被膜
腎動脈
腎靜脈
腎盂
輸尿管

💧 **上述泌尿系統有以下之功能**

1. 排泄淨化作用：能將身體的廢水排出體外。

2. 腎臟會釋放對骨骼有利的荷爾蒙以協助身體吸收鈣質，及調整鈣磷的穩定，可幫助骨骼細胞之生成。

3. 腎臟可調節體內之酸鹼平衡。

4. 可激勵紅血球的生產。

5. 腎臟可協助清除尿道裡的細菌，使其隨尿液排出。

泌尿系統的芳香療法

泌尿系統常見的疾病有：1.尿道炎、2.尿失禁、3.腎臟炎、4.腎結石、5.腎衰竭、6.尿毒症，而關於泌尿系統的不適可藉助以下芳香療法的運用來減緩其症狀：

1. 尿道炎：茶樹 2d ＋洋甘菊 2d ＋花梨木 1d ＋10ml 基底油，稀釋於水中做盆浴及灌洗。

2. 尿失禁：苦橙葉 2d ＋穗甘松 2d ＋安息香 2d ＋基底油 10ml。

3. 腎臟炎：松紅梅 2d ＋洋甘菊 2d ＋杜松子 1d ＋基底油 10ml。

4. 腎結石：苦橙 2d ＋絲柏 2d ＋天竺葵 2d ＋基底油 10ml。

5. 腎衰竭：茴香 2d ＋甜橙 2d ＋玫瑰 2d ＋基底油 10ml。

6. 尿毒症：高地薰衣草 1d ＋杜松子 1d ＋玫瑰 1d ＋基底油 10ml。

九、心血管系統

人體有兩大循環系統：淋巴循環與心血管系統。心血管系統是由心臟和血管所組成，而心臟走循環系統的動力室，位於胸腔橫隔膜上、介於兩肺之間，血液必先流經肺臟充滿氧氣之後，才能從心臟運輸出去，透過心肌節律性的收縮，心臟能將血液沿著血管輸送至全身的肢體末端再回到心臟，心臟每分鐘能送 5 公升的血液

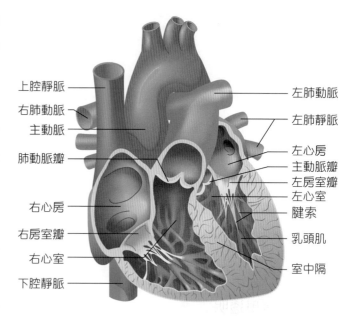

循環全身，故又稱為「肌肉幫浦」，循環的過程中，血液也會運送白血球以增強免疫系統，用以對抗外來的病毒感染。

　　而人體內的血管可分為動脈、靜脈及微血管，動脈負責將血液帶離心臟，而靜脈則是負責將血液帶回心臟，微血管則是動脈與靜脈交接處，是體內血管最細小的。

　　心血管系統的平衡運作機制攸關人體的健康，如因飲食失衡或高壓力均容易導致心血管的疾病。而心血管主要有下列幾項：

1. 輸送對身體有益的氧原子至體內，經由血液循環運輸至全身。

2. 將對人體有害的二氧化碳廢棄物排出體外。

3. 維持身體機能的恆定作用，如維持體內酸鹼值的平衡。

4. 可由血液運送白血球，增強身體的免疫功能。

心血管系統的芳療法

　　心血管系統常見的疾病有：1. 心悸、2. 高血壓、3. 動脈硬化、4. 低血壓、5. 靜脈曲張，而關於心血管系統的不適，可藉助以下芳香療法的運用來減緩其症狀：

1. 心悸：真正薰衣草 1d ＋穗甘松 2d ＋安息香 2d ＋基底油 10ml。

2. 高血壓：甜橙 2d ＋洋甘菊 2d ＋薑 1d ＋基底油 10ml。

3. 動脈硬化：葡萄柚 2d ＋迷迭香 2d ＋玫瑰 1d ＋基底油 10ml。

4. 低血壓：檸檬 1d ＋絲柏 2d ＋黑胡椒 2d ＋基底油 10ml。

5. 靜脈曲張：檸檬 2d ＋絲柏 2d ＋玫瑰 1d ＋基底油 10ml。

十、淋巴系統

　　淋巴系統是由淋巴、淋巴管、淋巴結、淋巴組織所組成。淋巴系統除了負責身體的循環系統功能外，也有防禦病原體入侵血液循環的功效。其中淋巴位於淋巴管內，呈現透明無色之水狀液體。而淋巴管則可以防止淋巴逆流，內含有：巨噬細胞和淋巴球兩種白血球，兩者均有產生抗體，對抗外來病毒入侵人體的防禦機能。

　　人體主要淋巴聚集在頸淋巴結、腋淋巴結、胸淋巴結、腹淋巴結及腹股溝淋巴結，淋巴結是淋巴球儲存的部位，當受到外在病毒入侵時，會跟隨血液循環移動至全身，參與防疫工作。

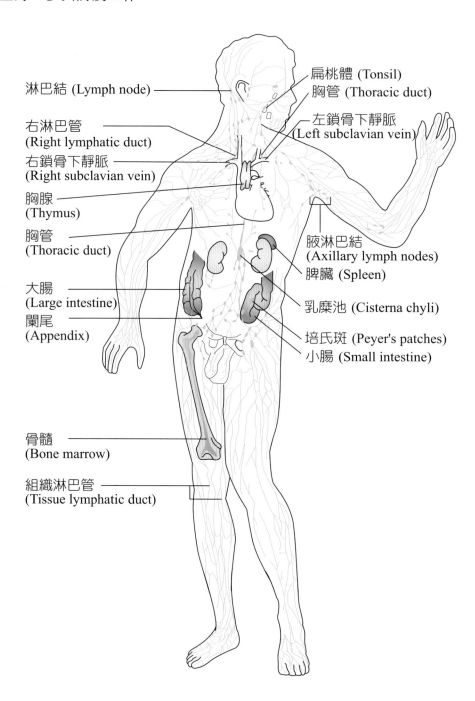

　　而人體的淋巴器官包含有：1. 胸腺、2. 脾臟、3. 扁桃體（腺），若心血管機能不佳，循環系統出現問題或遭受病毒的感染，則會影響淋巴系統及器官之健康。

淋巴系統之主要功能

1. 協助身體防禦病毒之入侵。

2. 收回身體組織之淋巴液，運往心臟後再泵送回血液中，保持血液流量的穩定。

3. 可釋放補體、干擾素和組織胺為人體加強免疫機能。

4. 當淋巴液流動時會刺激及提振荷爾蒙分泌。

5. 位於腹腔之淋巴管可以幫助消化腹中多餘的脂肪。

淋巴系統之芳香療法

　　淋巴系統常見的疾病有：1. 感冒發燒、2. 水毒、3. 水腫、4. 過敏性鼻炎、5. 起疹子、6. 排汗異常、7. 炎症現象，而關於淋巴系統的不適可藉助以下芳香療法的運用來減緩其症狀：

1. 感冒發燒：檸檬 2d ＋香蜂草 2d ＋薑 2d ＋基底油 10ml。

2. 水毒：葡萄柚 2d ＋黑胡椒 2d ＋洋甘菊 2d ＋基底油 10ml。

3. 水腫：甜橙 1d ＋杜松子 3d ＋迷迭香 1d ＋基底油 10ml。

4. 過敏性鼻炎：尤加利 1d ＋薰衣草 1d ＋洋甘菊 2d ＋雪松 2d ＋基底油 10ml。

5. 起疹子：洋甘菊 3d ＋橙花 2d ＋基底油 10ml。

6. 排汗異常：尤加利 2d ＋絲柏 2d ＋薑 2d ＋基底油 10ml。

7. 炎症現象：茶樹 1d ＋洋甘菊 2d ＋橙花 2d ＋基底油 10ml。

十一、生殖系統

　　生殖系統是人體所有系統中男、女兩性差別最大的系統，也是人類孕育生命的系統。男性的生殖系統包括：1 條攝護腺、1 個陰囊、2 條尿道球腺、2 個睪丸及副睪、2 條輸精管及 1 條陰莖;而女性的生殖系統則包含:2 條輸卵管、2 個卵巢、1 個子宮、1 個陰道、2 個大小陰脣、1 個陰蒂、2 個乳房。

　　而男性生殖系統重要的功能就是製造精子及分泌男性荷爾蒙，青少年時期當
男性荷爾蒙分泌均衡健全時，會出現男性第二性徵，如：聲調變低、長鬍子、體
毛及生殖器增大、皮脂腺變得分泌旺盛等現象，女性生殖系統則在進入青春期後，
卵巢開始分泌女性荷爾蒙，與產生卵子，其中女性荷爾蒙跟女性婦科之生理及心
理層面疾病之關聯頗具影響性。

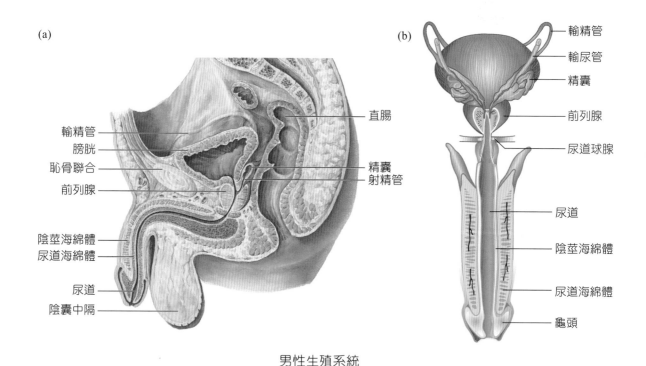

男性生殖系統

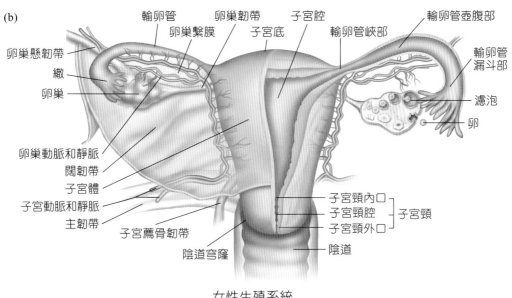

女性生殖系統

生殖系統有下述幾點主要功能

1. 製造性荷爾蒙，男性性徵及女性性徵的出現。

2. 男性生殖系統睪丸製造精子。

3. 女性生殖系統卵巢製造卵子，而女性的子宮則負有延續生命之使命，為精子與卵子結合之處。

生殖系統的芳香療法

　　生殖系統常見的疾病有：1. 經期不規則、2. 經痛、3. 更年期症狀、4. 閉經、5. 陰道炎、6. 經前症候群、7. 性功能障礙、8. 性慾不振，而關於生殖系統的不適可藉助以下芳香療法的運用來減緩其症狀：

1. 經期不規則：甜橙 2d ＋快樂鼠尾草 2d ＋玫瑰 2d ＋基底油 10ml。

2. 經痛：苦橙葉 2d ＋黑胡椒 2d ＋橙花 1d ＋基底油 10ml。

3. 更年期症狀：真正薰衣草 2d ＋快樂鼠尾草 2d ＋玫瑰 2d ＋基底油 10ml。

4. 閉經：玫瑰天竺葵 2d ＋快樂鼠尾草 2d ＋乳香 2d ＋基底油 10ml。

5. 陰道炎：佛手柑 2d ＋茶樹 2d ＋洋甘菊 2d ＋基底油 10ml，盆浴或沖洗。

6. 經前症候群：高地薰衣草 2d ＋快樂鼠尾草 2d ＋玫瑰 1d ＋橙花 1d ＋基底油 10ml。

7. 性功能障礙：茴香 2d ＋廣藿香 2d ＋快樂鼠尾草 3d ＋依蘭 3d ＋基底油 10ml。

8. 性慾不振：檀香 1d ＋玫瑰天竺葵 2d ＋茉莉 2d ＋肉桂 1d ＋基底油 10ml。

課後討論

1. 請寫出內分泌系統三種常見的疾病並調配芳療配方。

2. 請寫出皮膚系統三種常見的疾病並調配芳療配方。

3. 請寫出骨骼系統三種常見的疾病並調配芳療配方。

4. 請寫出呼吸系統三種常見的疾病並調配芳療配方。

5. 請寫出消化系統三種常見的疾病並調配芳療配方。

6. 請寫出泌尿系統三種常見的疾病並調配芳療配方。

7. 請寫出生殖系統三種常見的疾病並調配芳療配方。

CHAPTER

05

芳香精油的調性、
調香技巧與注意事項

Aromatherapy
&
Body Care

5-1　植物精油對人的影響

　　植物從土壤、陽光、空氣、露水中吸取大自然的精華，自是充滿能量，而人類用各種不同的萃取方式，把植物的靈魂精油運用在人體中，也間接的吸取來自大自然的能量，這些天然的能量經由人體吸收及運送至各系統中，進而對我們的生理及心理產生影響。

　　從美醫生理學來看，某些植物精油已被證實有：消炎止痛、增加免疫力、抗病毒、促進循環代謝、產熱及排毒的功效，如香料類的精油。另從美醫心理學的角度來看某些植物精油則有：消除壓力、舒緩情緒、放鬆心情及振奮精神的功能，沉靜思維的功效。如木質類、柑橘類或花香類的精油。從美醫美容學來看，植物精油則有：抑菌、消炎鎮靜、美白、淡疤、淡斑、防皺、保濕、促進發炎傷口復原及抗老化等功效，如：花類、柑橘類及樹脂類的精油。

　　可見芳香精油不論是對人體的生理、心理及外觀均有特殊的療效。

5-2　芳香植物的調性

　　在瞭解精油對人體產生的影響後，更要學習如何將單方精油的功效發揮得更大、那便是要學會如何將不同的單方精油調製或合成複方精油，以讓單方精油發揮到 1+1>2，2+2>4 的複方效果。

　　在學習調香之前，首先必須瞭解植物的調性。在電影《香水》裡葛奴乙的精油啟蒙師傅，告訴葛奴乙精油和音樂的樂譜一樣是有「音階」的，而這音階指的便是精油的調性，一般精油的調性是以精油發揮速度來界定，分為「前調」、「中調」、「基調」。

1. 前調 (Top Note)：是指複方調香中第一個味道，也是揮發性最強最快的，氣味可能維持 30 分鐘～1 個小時左右，如柑橘類及大部分香料類精油其功能屬之，有排水利尿、提振情緒、促進代謝與循環及止痛等功效。

2. 中調 (Middle Note)：中調精油為第二個被聞到的精油，揮發性為中等，中調的精油香氣可在人體停留 1~2 小時，其功能大都具有消炎、鎮靜、止痛平衡、促進代謝及化痰等功能，大部分為繖形科、柏科、禾本科等類型精油居多。

3. 基調 (Base Note)：是指精油揮發度最低的精油，基調精油在前調及中調香氣揮發完後，其香味還會停止在身上數小時之久，因其揮發性低也會間接影響其他調性的揮發速度，故香水業也把其用來做為延緩前調及中調發揮度的「定香劑」。基調的功能大多具有舒緩、安神、穩定情緒、調理平衡荷爾蒙、調理女性婦科及針對皮膚保濕方面等功效，且對平衡中樞神經及呼吸系統方面亦頗具療效。大部分為花類精油、檀香類及樹脂類精油居多。

一、精油調性歸類

綜合上述，以下將針對三種不同調性的精油作歸類，以便於在調香時更能得心應手的調配複方精油。

1. 前調：

(1) 佛手柑、(2) 葡萄柚、(3) 檸檬、(4) 甜橙、(5) 苦橙、(6) 苦橙葉、(7) 桔、(8) 紅柑、(9) 萊姆、(10) 羅勒、(11) 甜羅勒、(12) 香茅、(13) 檸檬香茅、(14) 黑胡椒、(15) 肉桂、(16) 百里香、(17) 羅文莎葉、(18) 月桂、(19) 豆蔻、(20) 芫荽、(21) 茴香、(22) 山雞椒、(23) 尤加利、(24) 薄荷、(25) 綠薄荷、(26) 歐薄荷、(27) 白千層、(28) 綠花白千層、(29) 鼠尾草、(30) 快樂鼠尾草、(31) 穗花狀薰衣草、(32) 玫瑰草、(33) 西洋蓍草…等。

2. 中調：

(1) 羅馬洋甘菊、(2) 德國洋甘菊、(3) 摩洛哥洋甘菊、(4) 銀樅、(5) 甜馬鬱蘭、(6) 野馬鬱蘭、(7) 真正薰衣草、(8) 高地薰衣草、(9) 香蜂草、(10) 牛膝草、(11) 絲柏、(12) 杜松、(13) 雪松及大西洋雪松、(14) 柏木、(15) 杜松子、(16) 花梨木、(17) 樟樹、(18) 歐洲赤松、(19) 香桃木、(20) 松針、(21) 松紅梅、(22) 天竺葵、(23) 玫瑰天竺葵、(24) 胡蘿蔔籽、(25) 百里香、(26) 迷迭香、(27) 沒藥。

3. 基調：

基調精油有:(1)保加利亞玫瑰、(2)大馬士革玫瑰、(3)摩洛哥玫瑰、(4)茉莉、(5)小花茉莉、(6)橙花、(7)依蘭、(8)丁香、(9)廣藿香、(10)永久花、(11)菩提花、(12)乳香、(13)安息香、(14)檀香、(15)祕魯香脂、(16)穗甘松、(17)薑、(18)岩蘭草。

芳香精油的調香是一門心靈美學與藝術的結合，植物各有不同的芳香分子其所散發出的香氛也有所不同，有清新的草香，如禾本科的植物，也有香甜的果香味如芸香科植物，有質樸內斂的木質味，也有香氛獨特的香料類植物。而要如何將各種不同的植物香氛調和得宜，令使用者感覺舒適，進而喜愛使用芳香療法，這便是一門調香哲學。

5-3 調香濃度換算

在芳香調油的過程中，除了瞭解精油的調性外，更應瞭解精油的稀釋濃度之比例。一般而言，1ml 之 100% 精油約 20 滴左右，在芳療界會把滴以英文字小寫「d」為替代，即 1ml=20d:2ml=40d:3ml=60d，依此類推。精油的濃度中以 2.5% 為安全用油濃度，所謂安全用油濃度是表示 2.5% 之濃度針對生理及心理方面是有療效，而且不會造成使用者過度的刺激與敏感。但濃度的比例還是要針對使用者的病症及現況做不同的調配。而要如何依精油濃度算出使用精油之滴數，則有一計算公式：

調配精油的容量 × 使用精油的濃度 ×20 ＝使用滴數

上述 2.5% 濃度以 10ml 之基底油來說；即使用 5d 之單方精油，這 5d 單方精油最好是前調＋中調＋基調＝ 5d。例如：有一個案因長期工作壓力大而導致肩頸痠痛，若芳療師要為其調製舒壓與治肩頸痠痛之精油，其須準備調 10ml 之基底油加單方精油以 2.5% 之濃度按摩背穴肩頸，10ml（容量）×2.5%（濃度）×20 ＝ 5（滴數）。

這時就可調配如下：

前調	中調	基調	基底油
甜橙 2d	＋薰衣草 1d ＋迷迭香 1d	＋玫瑰 1d	＋10ml 甜杏仁油

以 2.5% 濃度而言，上述前調＋中調＋基調＝ 5d 搭配 10ml 之基底油即為 2.5% 濃度。因此我們可依此類推，以調油濃度 2.5% 而言，10ml 須 5d 精油，20ml 須 10d 精油，30ml 須 15d 精油，40ml 須 20d 精油…。

【精油濃度與安全劑量】

以下即針對單方精油之濃度＋基底油之稀釋濃度比，整理出其精油之適合稀釋比例，並列出適合的精油劑量。

精油濃度比 ＼ 基礎油	5ml	10ml	15ml	20ml	25ml	30ml	40ml	50ml	60ml	80ml	100ml	250ml	500ml
0.5%	0.5d	1d	1.5d	2d	2.5d	3d	4d	5d	6d	8d	10d	25d	50d
1%	1d	2d	3d	4d	5d	6d	8d	10d	12d	16d	20d	50d	100d
1.5%	1.5d	3d	4.5d	6d	7.5d	9d	12d	15d	18d	24d	30d	75d	150d
2%	2d	4d	6d	8d	10d	12d	16d	20d	24d	32d	40d	100d	200d
2.5%	2.5d	5d	7.5d	10d	12.5d	15d	20d	25d	30d	40d	50d	125d	250d
3%	3d	6d	9d	12d	15d	18d	24d	30d	36d	48d	60d	150d	300d
3.5%	3.5d	7d	10.5d	14d	17.5d	21d	28d	35d	42d	56d	70d	175d	350d
4%	4d	8d	12d	16d	20d	24d	32d	40d	48d	64d	80d	200d	400d
4.5%	4.5d	9d	13.5d	18d	22.5d	27d	36d	45d	54d	72d	90d	225d	450d
5%	5d	10d	15d	20d	25d	30d	40d	50d	60d	80d	100d	250d	500d
6%	6d	12d	18d	24d	30d	36d	42d	60d	72d	96d	120d	300d	600d
7%	7d	14d	21d	28d	35d	42d	49d	70d	84d	112d	140d	350d	700d
8%	8d	16d	24d	32d	40d	48d	56d	80d	96d	128d	160d	400d	800d
9%	9d	18d	27d	36d	45d	54d	63d	90d	108d	144d	180d	450d	900d
10%	10d	20d	30d	40d	50d	60d	70d	100d	120d	160d	200d	500d	1000d
12%	12d	24d	36d	48d	60d	72d	84d	120d	144d	192d	240d	600d	1200d

在知道稀釋比例後，就可以開始學習針對不同的部位、病症、年齡、體重及個案之現況做適合之調油，一般而言，身體的部位對正常人約可調 2.5~5% 左右濃度之精油，3~7 歲之幼兒以 1% 以下之濃度為宜，孕婦最好於懷孕 4~6 個月以上才實施芳療舒緩按摩於不適處，但仍以 1% 左右之濃度為佳。臉部按摩也以 1% 之濃度較佳。

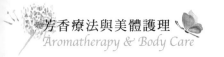

5-4 芳香精油的調配

　　每種單方精油各有其香氛及作用，要如何讓不同的單方精油融合在一起以發揮複方精油倍乘的功效，這時芳療師對精油的功效及其獨特性就必須清楚的掌握。

　　一般而言，我們將精油依植物萃取的部位，分為以下幾項：

1. 花類精油：即萃取自植物的花朵，有：(1) 玫瑰、(2) 茉莉、(3) 依蘭、(4) 橙花、(5) 薰衣草、(6) 永久花、(7) 丁香、(8) 玫瑰天竺葵、(9) 洋甘菊。

2. 草本類精油：如：(1) 岩蘭草、(2) 迷迭香、(3) 玫瑰草、(4) 西洋蓍草、(5) 鼠尾草、(6) 快樂鼠尾草、(7) 甜馬鬱蘭、(8) 野馬鬱蘭…等。

3. 木質類精油：如：(1) 檀香、(2) 雪松、(3) 杜松、(4) 絲柏、(5) 柏木、(6) 大西洋雪松、(7) 花梨木…等。

4. 柑橘類精油：如：(1) 甜橙、(2) 苦橙、(3) 佛手柑、(4) 檸檬、(5) 萊姆、(6) 葡萄柚、(7) 紅柑…等。

5. 香料類精油：如：(1)茴香、(2)檸檬香茅、(3)薑、(4)黑胡椒、(5)肉桂、(6)豆蔻、(7)芫荽、(8)羅勒、(9)月桂…等。

6. 葉片類：如：(1) 薄荷、(2) 白千層、(3) 尤加利、(4) 茶樹、(5) 苦橙葉、(6) 廣藿香、(7) 松紅梅…等。

7. 樹脂類：如：(1) 乳香、(2) 安息香、(3) 祕魯香脂、(4) 沒藥。

　　上述七項分類中，以花類精油及柑橘類的香氛最為甜美、清新。木質類精油則屬於沉穩內斂，而香料類的精油味道較濃及獨特，因此在調油時須切記濃度不可過高。

　　一般而言，花類精油＋柑橘類精油產生的香氛最佳，也頗受女性的喜愛，針對抒解壓力、調理荷爾蒙、提振精神或情緒舒緩，均頗具效果。此兩類型精油也最適合用來綜合任一類精油，尤以味道較濃的香料類精油，更能調合其香氛。以下即針對上述精油分類提供調油配對參考。

一、調香配對建議

1. 花朵類＋柑橘類：可抒解壓力、調理婦科、提振情緒、保濕、排水、美白、抗炎。

2. 花朵類＋草本類：可舒緩緊張的情緒、緩解痠痛、保濕。

3. 花朵類＋木質類：可調理中樞神經、鎮定、安神、除皺。

4. 花朵類＋葉片類：可消炎鎮定、止痛、安神。

5. 花朵類＋香料類：強化生殖系統之機能、提振自信、化瘀、調節交感及副交感神經。花朵類＋香料類對於荷爾蒙作用較強，故使用以 1% 以下較為適宜，尤以有家族婦癌病史者需斟酌使用。

6. 柑橘類＋木質類：可排水利尿、澄清思慮、止咳化痰、美白、消炎。

7. 柑橘類＋草本類：可促進循環、加強代謝。

8. 柑橘類＋葉片類：可消炎、抗病毒、排水腫。

9. 柑橘類＋樹脂類：可美白、保濕、防皺、抗老化、促進傷口癒合。

10. 柑橘類＋香料類：促進血液循環、排水毒、增強免疫力。

11. 木質類＋草本類：安穩情緒、強化循環系統之功能。

12. 木質類＋葉片類：可強化呼吸系統機能、舒緩呼吸道感染的病症。

13. 木質類＋香料類：促進血液循環、止痛、抗消炎。

14. 木質類＋樹脂類：止咳化痰、強化呼吸道功能、排水利尿。

15. 葉片類＋草本類：抗菌、消炎鎮痛、促循環、平撫壓力。

16. 葉片類＋香料類：抑菌、抗病毒、增強免疫系統、緩解感冒症狀。

17. 葉片類＋樹脂類：可加強呼吸系統及免疫系統的功能。

18. 香料類＋樹脂類：可加強呼吸系統與循環系統之功能及其症狀。

　　除了上述之搭配外，也可將 2 種以上不同的類別一起搭配，亦可創造出美好的香氛，功能可參考上述。

1. 花朵類＋柑橘類＋「另一類型的任一類」。

2. 花朵類＋樹脂類＋葉片類。

3. 花朵類＋辛香類＋木質類。

4. 柑橘類＋草本類＋木質類。

5. 草本類＋葉片類＋木質類。

6. 柑橘類＋樹脂類＋木質類。

5-5 調香比例及步驟

我們知道精油的調性分為前調、中調、基調，以調香的調配比例大致為前調 35%、中調 40%、基調 25%，當然也可依個案當時的狀況或喜好程度做不同濃度之調配比例，而調油的順序為基調→中調→前調＋基底油。（因基調有定香的效果，可讓香味更持久）

假如有一個案例有失眠、情緒不安、水腫現象，這時芳療師可選擇 3~7 種精油來做搭配（初學者以 3 種為宜）。因此芳療師可針對舒緩個案之壓力及情緒為首要，再加上治水腫現況之精油，若此時要以全身按摩調配 30ml、2.5% 濃度之精油，芳療師可選擇調配配方列舉 6 種（如下表），若芳療師要以第 6 項作為個案調配護理的配方，其調油步驟如下：

	前調	中調	基調	基底油
1.	甜橙 3d ＋葡萄柚 2d	絲柏 3d ＋高地薰衣草 3d	橙花 4d	甜杏仁油 15ml 玫瑰果油 15ml
2.	苦橙葉 3d ＋快樂鼠尾草 2d	杜松 3d ＋玫瑰天竺葵 3d	橙花 4d	
3.	甜橙 3d ＋檸檬 2d	雪松 3d ＋高地薰衣草 3d	玫瑰 4d	
4.	甜橙 5d	杜松子 6d	玫瑰 4d	
5.	葡萄柚 5d	高地薰衣草 6d	茉莉 4d	
6.	快樂鼠尾草 5d	絲柏 6d	依蘭 4d	

1. 在調配器皿中滴入 4d 之依蘭精油。

2. 再滴入 6d 之絲柏精油。

3. 再滴入 5d 之快樂鼠尾草精油。

4. 再加入 15ml 之甜杏仁油與 15ml 玫瑰果油。

5. 取攪棒輕輕的攪拌或器皿輕輕的搖晃讓複方精油融合。

一、調香之準備工具及注意事項

（一）調香之基本調配工具

1. 各種不同類別的單方精油。

2. 基底油 1~2 種。（以甜杏仁油為首選）

3. 深色玻璃精油瓶。用來裝調好之複方精油有 5~100ml 之包裝，視需要來決定大小。

4. 量杯：量取基本油。

5. 調棒：調和複方精油與基底油。

6. 精油容器或碟皿：複方精油調油器。

7. 紙巾：擦拭清潔用。

8. 酒精：消毒用具及雙手。

9. 口罩：衛生行為。（尤以芳療師有呼吸道感染時必須配戴）

10. 精油調配紀錄本與筆。

11. 自黏標籤：用以標示製造日期及調油配方、濃度、用途、注意事項。

（二）精油調配時之注意事項

1. 不在高熱或有火源處及廚房調製。

2. 調製時不要有幼兒在旁或寵物干擾。

3. 調香場所須空氣流通，勿緊閉門窗，尤其調製醚類精油時更不能在密閉空間。

4. 保持調配環境之整潔衛生。

5. 調配桌面不要有其他雜物，以調油用具為主。

6. 可選擇冥想樂、大自然音樂或水晶 SPA 音樂於調油時播放。

7. 保持愉悅平穩的情緒調出最具能量的複方精油。

8. 初學者調油先以三種單方開始練習。

9. 熟記各種單方精油的調性及功效。

（三）不同症狀的調配數量及濃度

精油的調配用油大致上可分為：1. 心靈方面、2. 情緒方面、3. 病理方面、4. 臉部美容方面、5. 美體雕塑等。

依 5 大面向去選擇單方精油做搭配：

1.	心靈方面	1~3 種單方精油搭配	濃度：2% 以下
2.	情緒方面	3~5 種單方精油搭配	濃度：2.5~5%
3.	病理方面	4~7 種單方精油搭配	濃度：2.5~5%、急性：5~12%
4.	臉部美容方面	1~2 種單方精油搭配	濃度：1%
5.	美體雕塑	3~5 種單方精油搭配	濃度：2.5~5%

另外在調油的濃度方面要根據當時個案之年齡、體重、精油使用率、病症及狀況而定，有些特殊個案需要調配濃度 1% 以下為宜，但也有些屬於急症或局部治療的病症，濃度則可高達 10~12%。

以下為不同屬性之濃度調配

1. 心靈方面：濃度：2% 以下。

2. 情緒方面：濃度：2.5~5%。

3. 病理方面：濃度：2.5~5%、急性：5~12%。

4. 臉部美容方面：濃度：1%。

5. 美體雕塑：濃度：2.5~5%。

以下個案建議以 1% 以下用油為宜

1. 孕婦或產婦。

2. 年長者。

3. 身體虛弱者。

4. 身體患有慢性疾病者。

5. 對精油過敏者。

6. 有精神疾病者。

7. 有長期酗酒者。

8. 有靈媒體質者。

以下個案建議經過醫囑再使用芳香療法

1. 患有腫瘤者。

2. 患有重度精神疾病者。

3. 患有重大疾病者。

4. 身體極度衰弱者。

5. 孕期前四個月及後兩個月。

課後討論

1. 請寫出花類精油名稱五種以上。

2. 請寫出柑橘類精油名稱五種以上。

3. 請寫出木質類精油名稱五種以上。

4. 請寫出調油的順序及注意事項。

5. 有一個案有經期不順及失眠的狀況，請寫出您的調油配方。

6. 請您寫出用油以 1% 以下為宜的個案五個以上。

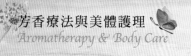

天然調香、保養品與
手工皂DIY

Aromatherapy
&
Body Care

有時當我們進入一室內聞到某一香氛，而擦此香味的人雖已離開此室內，但我們卻可斷定擦此香味的這人剛才一定有來過此地，是因為他平常使用的香氛還滯留於室內的空氣中，所以香味也可代表一個人。既然香氛可代表一個人，因此我們也可調一個自己喜愛的香氛用它來代表你及你的品味：以下即介紹幾種香水的調香方法。

6-1 香水調製

香水的調製可依個人的喜好，及使用的時間、地點、場合而有濃淡的分別，依濃度的不同可分為：香精、香水、淡香水、古龍水，如下表 6-1：

表 6-1　香水調製濃度表

	精油	酒精	水	停留時間
香精	10~30%	90~95%	10~15%	5~7 小時
香水	8~15%	80~90%	5~8%	3 小時
淡香水	5~10%	80~90%	10%	1~2 小時
古龍水	3~5%	70%	10%	1 小時

而香水之香氛可分為前味、中味、後味，故調香時也須注意精油的調性做為調香之基準，才能調出精油複方之精華及帶有層次之香氛（精油的調性請參考第五章）。

在瞭解香水可依濃度的不同作區分後，將香水的調製方法簡易介紹如下：

以香精（15~30% 之精油）為例，製作 10ml 的香精，使用 20% 精油的濃度，單方精油之用量須 40d，可前調、中調、後調加總共 40d（可參考「5-3 調香濃度換算」），以此類推，若要調製 10ml 的淡香水，使用 10% 精油的濃度，則精油則需 20d，如表 6-2：（精油濃度請參考第五章）

表 6-2 調製 10ml 各濃度香水所需之精油含量

精油濃度	香精	香水	淡香水	古龍水
20%	40d			
10%		20d		
5%			10d	
3%				6d

若要調製一清新淡香水30ml，須使用5%之精油濃度，可先取24ml之酒精後，再加入蒸餾水3ml、檸檬10d+薄荷2d+雪松10d+橙花8d，如下表6-3所示：

表 6-3 調製 30ml 清新淡香水

24ml 酒精 + 3ml 蒸餾水	前調	中調	後調
	檸檬 10d+ 薄荷 2d	雪松 10d	橙花 8d

可先將 24ml 酒精 +3ml 之蒸餾水調和攪拌均勻先靜置 2 天，然後加入精油再靜置 2 天或 4~6 週，再用咖啡濾紙過濾，裝於香水容器中，即可完成。一般來講，靜置 4~6 週後酒精的香味已揮發得較低，精油、酒精及蒸餾水已完整的融合，製作出來的香味會較有層次感及較能展現自己所調出獨特香氛。

以下即來介紹調製香水所需之器材：

❶ 量杯

❷ 蒸餾水（純水或純露水）

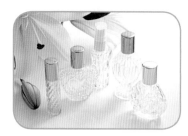

❸ 香水容器

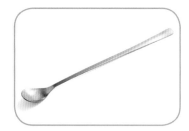

❹ 調棒

❺ 滴管

❻ 咖啡濾紙

❼ 天然精油（或香精）

❽ 酒精（天然穀物酒精或藥
用酒精）

❾ 紫草根粉

❿ 食用色素（要調配出顏
色時可以 0.5~1% 為宜）

以下則示範四款香水調配之配方。

30ml，精油濃度 5%

甜美赫本（淡香水）

MATERIAL

材料

甜橙 12d+ 葡萄柚 6d+
洋甘菊 9d+ 茉莉 3d、
伏特加 24ml、茉莉純露
3ml

調製步驟

1. 先挑選出需使用的精油

2. 將 24ml 酒精倒入量杯中

3. 取出茉莉純露 3ml 與酒精混合備用

4. 再將精油滴入 3. 中與之調和

5. 再使用調棒將酒精與精油攪拌均勻

6. 可先放置 2~4 天，待酒精與精油充分混合，若要使香水更清澈可再使用咖啡濾紙過濾後再裝瓶

7. 最後再將調製好的香水倒入香水容器即完成

8. 甜美赫本（淡香水）完成

POINT

以上酒精因要顯現甜美赫本（淡香水），故選擇使用天然的淡粉紅葡萄酒，而無使用天然色素及伏特加，讀者可自行選擇使用。

MATERIAL
材料

甜橙 20d+ 苦橙 18d+
高地薰衣草 15d+ 橙花
5d+ 檀香 2d、伏特加
24ml、茉莉純露 3ml

30ml，精油濃度 10%

二 蒙娜麗莎的微笑（香水）

調 製 步 驟

1. 先挑選出需使用的精油
2. 將 24ml 酒精倒入量杯中
3. 取出茉莉純露 3ml 與酒精混合備用
4. 再將精油滴入 3. 中與之調和
5. 再使用調棒將酒精與精油攪拌均勻
6. 可先放置 2~4 天，待酒精與精油充分混合，若要使香水更清澈可再使用咖啡濾紙過濾後再裝瓶
7. 最後再將調製好的香水倒入香水容器即完成
8. 蒙娜麗莎的微笑（香水）成品

POINT

以上酒精因要顯現蒙娜麗莎的微笑（香水），故選擇使用天然的淡葡萄酒，而無使用天然色素及伏特加，讀者可自行選擇使用。

30ml，精油濃度 20%

三 濃情夢露（香精）

~MATERIAL~
材料

茴 香 6d+ 甜 橙 35d+
洋甘菊 25d+ 玫瑰 20d+
依 蘭 30d+ 丁 香 4d+ 伏
特加 24ml

調 製 步 驟

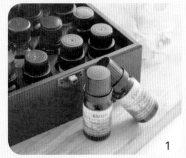

1. 先挑選出需使用的精油
2. 將 24ml 酒精倒入量杯中
3. 再將精油滴入酒精中與之調和
4. 再使用調棒將酒精與精油攪拌均勻
5. 可先放置 2~14 天，待酒精與精油充分混合，若要使香水更清澈可再使用咖啡濾紙過濾後再裝瓶
6. 最後再將調製好的香水倒入香水容器及完成
7. 濃情夢露（香精）成品

P●INT

以上酒精因要顯現濃情夢露（香精），故選擇使用顏色較深的
天然葡萄酒，而無使用天然色素及伏特加，讀者可自行選擇使
用。

30ml，精油濃度 3%

四 希望之泉男香（古龍水）

MATERIAL
材料

葡萄柚 8d+ 佛手柑 4d+
雪松 4d+ 檀香 2d+ 伏特
加 24ml+ 雪松純露 3ml

1

5

COFFEE FILTER

6

調製步驟

1. 先挑選出需使用的精油
2. 將 24ml 酒精倒入量杯中
3. 取出雪松純露 3ml 與酒精混合備用
4. 再將精油滴入 3. 中與之調和
5. 再使用調棒將酒精與精油攪拌均勻
6. 可先放置 2~4 天，待酒精與精油充分混合，若要使香水更清澈可再使用咖啡濾紙過濾後再裝瓶
7. 最後再將調製好的香水倒入香水容器即完成
8. 希望之泉男香（古龍水）成品

2

7

3

4

8

POINT

以上酒精因要顯現希望之泉男香（古龍水），故選擇使用含天然色素的酒而未使用伏特加，讀者可自行選擇使用。

6-2 天然保養品 DIY

利用天然芳香植物的自然香氛運用於日常的食、衣、住、行中的芳香療法，除了天然精油用於按摩、嗅、吸、塗抹、泡澡外，我們也可運用天然的植物精油，製作獨一無二適合自身皮膚的保養品，以下即介紹幾項臉部與身體芳香 DIY 保養品的作法。

要製作天然保養品時先讓我們來瞭解保養品含有哪些成分，保養品是由構成保養品的主要成分，再加入針對各種不同的作用所添加的有益成分而組成，茲說明如下表 6-4：

表 6-4 **保養品成分**

	主要成分	有益成分
保養品	水、油、乳化劑、抗菌劑、香氣、食用色素	萃取液、原液、生化精華素，天然精油

以下即介紹幾項常用的臉部與身體芳香 DIY 保養品所需的材料。

❶ 量杯

❷ 蒸餾水（純水或純露水）

❸ 精油瓶

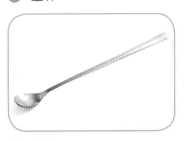

❹ 調棒

❺ 滴管

❻ 天然精油（或香精）

⑦ 酒精（天然穀物酒精或藥用酒精）

⑧ 保養品容器

⑨ 食用色素（要調配出顏色時可以 0.5~1% 為宜）

⑩ 天然乳化劑

⑪ 冰晶凝膠

⑫ 玻尿酸原液

⑬ 膠原蛋白原液

⑭ 洋甘菊

⑮ 玫瑰

⑯ 紫草根粉

⑰ 皂基

⑱ 丙二醇

⑲ 保養品專用磅秤

紫薰卸妝液

材料

薰衣草純露 50ml+ 蒸餾水 50ml+ 橄欖油 50ml+ 植物萃取乳化劑 1ml+ 薰衣草精油 2d

調製步驟

1. 先將薰衣草純露倒入量杯備用

2. 將蒸餾水 50ml 倒入 1. 之量杯中

3. 再將橄欖油倒入前述步驟混合備用

4. 再將精油滴入 3. 中與之調和

5. 再取出植物萃取乳化劑加入 4. 中

6. 再使用調棒將上述材料攪拌均勻即可

7. 最後再將調製好的卸妝液倒入容器即完成

8. 紫薰卸妝液成品

二　洋甘菊撫敏卸妝油

MATERIAL
材料

甜杏仁油 65ml+ 榛果油
60ml+ 植物萃取乳化劑
25ml+ 洋甘菊 5d

調製步驟

1. 先將甜杏仁油 65ml 倒入量杯備用

2. 將榛果油 60ml 倒入量杯與 1. 混合備用

3. 再將精油滴入 2. 中與之調和

4. 再取出植物萃取乳化劑加入 3. 中

5. 再使用調棒將上述材料攪拌均勻即可

6. 最後再將調製好的卸妝油倒入容器即完成

7. 洋甘菊撫敏卸妝油成品

1

2

3

4

5

6

7

茉莉靚白保濕化妝水

~MATERIAL~

材料

茉莉純露 80ml+ 甜杏仁油 10ml+ 玻尿酸原液 1% 5ml+ 膠原蛋白原液 5ml+ 植物萃取乳化劑 1ml+ 茉莉精油 3d+ 檸檬精油 2d

1

2

3

4

5

6

7

8

調 製 步 驟

1. 先將甜杏仁油 10ml 倒入量杯備用

2. 將茉莉純露 80ml 倒入量杯與 1. 混合備用

3. 再將精油滴入 2. 中與之調和

4. 再取出玻尿酸原液 1% 5ml + 膠原蛋白原液 5ml 加入 3. 中

5. 再取出植物萃取乳化劑加入 3. 中

6. 再使用調棒將上述材料攪拌均勻即可

7. 最後再將調製好的化妝水倒入容器即完成

8. 茉莉靚白保濕化妝水成品

MATERIAL
材料

芝麻油 10ml+ 葡萄籽油 15ml+ 橙花純露 70ml+ 玻尿酸原液 1%5ml+ 膠原蛋白原液 5ml+ 橙花精油 3d+ 苦橙葉 2d+ 植物萃取乳化劑 1ml

四 橙花抗皺乳液

1

5

調 製 步 驟

2

6

1. 先將芝麻油 10ml+ 葡萄籽油 15ml 倒入量杯備用

2. 將橙花純露 70ml 倒入量杯與 1 混合備用 3. 再將精油滴入 2. 中與之調和

4. 再取出玻尿酸原液 1% 5ml + 膠原蛋白原液 5ml 加入 3. 中

5. 再取出植物萃取乳化劑加入 4. 中

6. 再使用調棒將上述材料攪拌均勻即可

7. 最後再將調製好的乳液倒入容器即完成

8. 橙花抗皺乳液成品

3

7

4

8

五 玫瑰緩齡乳霜

材料

玫瑰果油 20ml+ 玫瑰純露 50ml+ 玻尿酸原液 10ml+ 冰晶凝膠 2ml+ 玫瑰 2d+ 玫瑰天竺葵 3d

調製步驟

1. 先將玫瑰果油 20ml 倒入量杯備用

2. 取出玫瑰純露 50ml 倒入量杯與 1. 混合備用

3. 再將精油滴入 2. 中與之調和

4. 再取出玻尿酸原液 10ml 加入 3. 中

5. 再取出冰晶凝膠 2ml 加入 4. 中

6. 再使用調棒將上述材料攪拌均勻即可

7. 最後再將調製好的乳霜倒入容器即完成

8. 玫瑰緩齡乳霜成品

MATERIAL
材料

甜橙 10d+ 薰衣草 10d+
玫瑰 5d+ 甜杏仁油
40ml+ 玫瑰果油 10ml

50ml，2.5% 濃度

六　舒壓放鬆精油

1

3

2

4

調製步驟

1. 先取出甜橙 10d+ 薰衣草
   10d+ 玫瑰 5d 精油混合
   備用

2. 取出甜杏仁油 40ml+ 玫
   瑰果油 10ml 混合備用

3. 再將 1. 與 2. 攪拌均勻即
   可調和

4. 最後再將調製好材料的
   倒入容器即完成

5. 舒壓放鬆精油成品

5

50ml，2.5% 濃度

七 美體舒緩排水精油

MATERIAL

材料

羅勒 5d+ 葡萄柚 5d+ 杜松 5d+ 絲柏 5d+ 薑 5d+ 甜杏仁油 40ml+ 荷荷芭油 10ml

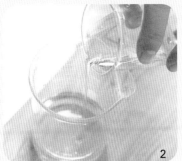

調製步驟

1. 先取出羅勒 5d+ 葡萄柚 5d+ 杜松 5d+ 絲柏 5d+ 薑 5d 精油混合備用

2. 取出甜杏仁油 40ml+ 荷荷芭油 10ml 混合備用

3. 再將 1. 與 2. 攪拌均勻即可調和

4. 最後再將調製好材料的倒入容器即完成

5. 美體舒緩排水精油成品

~ MATERIAL ~
材料

薄荷 2d+ 黑胡椒 5d+
薑 5d+ 甜橙 5d+ 洋甘
菊 8d+ 甜杏仁油 40ml+
月見草油 10ml

50ml，2.5% 濃度

八 腹腔淨化舒緩精油

1

2

3

4

調 製 步 驟

1. 先取出薄荷 2d+ 黑胡椒
   5d+ 薑 5d+ 甜橙 5d+ 洋
   甘菊 8d 精油混合備用

2. 取出甜杏仁油 40ml+ 月
   見草油 10ml 混合備用

3. 再將 1. 與 2. 攪拌均勻即
   可調和

4. 最後再將調製好材料的
   倒入容器即完成

5. 腹腔淨化舒緩精油成品

5

6-3　手工皂製作

　　這幾年手工皂的製作蔚為風潮，原因是自製手工皂的成分，可依自己的喜好、香氛、用途或皂的形狀、軟硬度等做客製化的調整。

　　在製作手工皂時，首先需要瞭解組成的 4 大要素：1. 油脂、2. 氫氧化鈉、3. 水分、4. 添加物（如香氛、精油）。而尤以前三項為製作手工皂的黃金要素，說明如下：

一、油脂

　　在製作手工皂的過程，油脂的使用可依個人用途，如滋潤、潔淨或根據氣候、季節、膚質…等做為選擇油脂的依據。以要製作一較滋潤的手工皂，使用 300 克的油脂為例，選擇三種油，分別為：1. 玫瑰果油、2. 椰子油、3. 橄欖油。

玫瑰果油

椰子油

橄欖油

　　依順序需各占總油量 35%、35%、30%，則每項油脂所需的克數為「總油量 × 油品的 % 數」，如下表所示：

油脂	百分比	油量（克）
玫瑰果油	35	105
椰子油	35	105
橄欖油	30	90
總油量	100	300

（附註：上述油脂比例可依自身所需而調整。）

即可知製作油脂 300 克的滋潤皂，需玫瑰果油 105 克、椰子油 105 克、橄欖油 90 克之油量。

二、氫氧化鈉

製皂時不同的油脂會產生不同的「皂化價」，也就是皂化 1 克油脂所需的氫氧化鈉的克數，其公式如下：

氫氧化鈉之克數（用量）＝使用油脂克數 × 該項油脂的皂化價。

以表 6-5 列出較常用的各項油品的皂化價。

表 6-5　各項油品皂化價

油脂	皂化價	油脂	皂化價	油脂	皂化價	油脂	皂化價
椰子油	0.19	玫瑰果油	0.1378	荷荷芭油	0.069	甜杏仁油	0.136
橄欖油	0.134	葡萄籽油	0.1265	乳木果油	0.128	小麥胚芽油	0.137
芝麻油	0.133	酪梨油	0.134	蓖麻油	0.1286	棕櫚油	0.141
榛果油	0.1356	芥花油	0.1324	月見草油	0.1357	苦茶油	0.1362

根據上表可算出 105 克的玫瑰果油、椰子油和 90 克的橄欖油之氫氧化鈉用量為：

$$(105×0.1378)+(105×0.19)+(90×0.134)=14.46+19.95+12.06=46.47$$

四捨五入後我們可取 46.5 克之氫氧化鈉為 300 克油脂配方的用量。

氫氧化鈉

（附註：但須注意氫氧化鈉為強鹼，使用時須非常謹慎，勿接觸到皮膚，調製時可戴上口罩、
　　　　手套及護目鏡，勿大力攪拌以免煙霧太大，並選擇通風及小孩無法觸及之處為佳。
　　　　若不慎接觸到皮膚，請馬上用清水沖洗。）

三、水的用量

在手工皂 DIY 的製造過程中最後一黃金要素為水，建議以使用蒸餾過的水為
佳，水的用量一般以氫氧化鈉的 2~3 倍來計算。以下取中間值 2.5 倍來做手工滋
潤皂配方的用水量：

水的用量：46.5（克）×2.5（倍）＝ 116（克）

所以水用量 116 克，可完成油脂 300 克手工滋潤皂，如下表所示。

油脂	百分比	油量（克）	氫氧化鈉（克）	水（克）
玫瑰果油	35	105	14.46	36.15
椰子油	35	105	19.95	49.87
橄欖油	30	90	12.06	30.15
總油量	100	300	46.47	116

（附註：因現今資訊發達，上面兩個公式計算亦可使用網頁或手機 app，只要輸入油量（克），
　　　　即可以自動算出所需之氫氧化鈉的克數以及水的克數。）

四、添加物

　　手工皂 DIY 的好處就是可以依自己的喜好加入適合自身的香氛或添加物。以精油的配方來說，可以用 2.5% 濃度來挑選單方精油。若是油脂 300 克的手工皂，約可使用 7.5 ml 之不同單方精油，當然您也可以依自己的喜好，適量的添加乾燥香草類或花草植物。當製作出獨一無二專屬於自己的幸福手工皂，會發現製作手工皂真是一件樂趣無窮的事。

橄欖皂

玫瑰皂

椰子皂

五、手工皂製作步驟

以下即介紹手工皂的製造步驟，以前述滋潤皂為例：

1. 首先要把製作手工皂的器材準備齊全。

2. 將要使用的三種油脂共 300 克備齊，做隔水加溫讓三種油脂充分融合。

3. 取 46.5 克的氫氧化鈉，少量多次的加入 116 克的純水中，並充分攪拌（可用打蛋器或電動攪拌器）至兩者完全融合，鹼液完成後請靜置使之降溫。

4. 用溫度計測量，當鹼液溫度達 30℃左右，且油脂之溫度達 40℃，再把油脂與鹼液混合充分攪拌（鹼液與油脂溫度差約 10℃），直至攪拌至濃稠狀且無顆粒。

5. 再將精油或乾燥花等添加物加入，並快速倒入皂模，約 2 小時即可成型，可再置放 2 天至一星期後脫模、切皂。

6. 若要等手工皂完全皂化，則可於切皂後放於通風處晾皂 1~2 週，讓鹼度下降後再行使用。

若讀者以便利為主則可買現成的皂基，可更快速地完成手工皂製作，茲介紹洋甘菊撫敏皂及紫草根保濕修護皂如下頁：

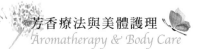

MATERIAL 材料

洋甘菊 10g+ 透明皂基 150g+ 洋甘菊精油 3ml+ 洋甘菊純露 30ml+ 玫瑰果油 150g

一 洋甘菊撫敏皂

調製步驟

1. 先取出洋甘菊 10g 備用
2. 取出透明皂基 150g 備用
3. 再將洋甘菊精油 3ml+ 洋甘菊純露 30ml+ 玫瑰果油 150g 調和
4. 將透明皂基 150g 隔水加熱
5. 再將洋甘菊 10g 加入 4. 中
6. 再將上述材料攪拌均勻即可
7. 最後再將調製好材料的倒入容器即完成
8. 洋甘菊撫敏皂成品

二 紫草根保濕修護皂

MATERIAL

材料

紫草根粉 10g+ 透明皂基 150g+ 乳香精油 3ml+ 薰衣草純露 30ml+ 玫瑰果油 150g

1

3

2

4

調製步驟

1. 先取出紫草根粉 10g 備用

2. 取出透明皂基 150g 備用

3. 再將乳香精油 3ml+ 薰衣草純露 30ml+ 玫瑰果油 150g 調和

4. 將透明皂基 150g 隔水加熱，再將紫草根粉 10g 加入 4. 中與上述材料攪拌均勻，最後再將調製好材料的倒入容器即完成

5. 紫草根保濕修護皂成品

5

認識植物油

7-1　常見的植物基底油

Aromatherapy
&
Body Care

　　自古人類就學會利用來自大自然的恩寵將植物油使用於日常生活中，如食用、塗抹、清潔等。植物油大都來自於植物的果實及種籽，經過冷壓萃取而成的大自然產品。而在專業的芳療美容、美體領域中也會用適量的植物油添加單方精油用於身體與臉部按摩。而為何要添加植物油，主要是因為單方精油為高濃度濃縮之精油，故為防止造成皮膚之刺激所以必須加以稀釋。而稀釋的物質就是植物油，也稱基底油或基礎油。故基底油也可稱為是一種媒介油，藉由它來做單方精油與身體結合的基質。

　　而基底油不只是一種媒介而已，它本身具有許多有益的成分因而具有療效，如大部分的植物基底油本身含有大量對身體有益的不飽和脂肪酸，進而對體內產生療效，如荷荷芭油、葡萄籽油針對油性肌膚特別有療效，若再加上薰衣草或茶樹精油調成適合之比例用於油性及面皰肌膚，那 1+1 就 >2 了，綜括上述植物基底油有如下之功效：

1. 內含不飽和脂肪酸，易於讓身體吸收及代謝。

2. 具有絕佳之延展性，可做為身體按摩。

3. 具有來自大自然之天然養分維生素 A、D、E、K、F 有益人體健康。

4. 可做為媒介、稀釋單方精油之濃度。

5. 具有不會揮發的特質，可協助單方精油留在皮膚中，進而讓皮膚吸收精油的精華。

6. 可滋潤乾燥肌膚，讓皮膚保持潤澤。

7. 內服可加強各器官之功能、增強免疫力。

 7-1　常見的植物基底油

　　以下即介紹在芳療護理中常見的植物基底油種類。

甜杏仁油
Sweet Almond Oil

資料履歷

拉丁學名	Prunus Dulcis
植物科別	薔薇科 Rosaceae
萃取方式	冷壓法
萃取部位	核仁

Aromatherapy & Body Care

植物油特性

　　呈淡黃色，帶有細緻甜美的果仁香味。甜杏仁油因其具有絕佳之延展性及其富含維生素 A、B、E、礦物質、蛋白質及脂肪酸，因不易快速被皮膚吸收，故很適用於較長時間的身體按摩上，目前在芳療界中是使用最頻繁的基底油。

主要脂肪酸組合

飽和脂肪酸：棕櫚酸、硬脂酸。

單一不飽和脂肪酸：油酸、棕櫚烯酸。

多元不飽和脂肪酸：亞麻油酸。

功效特性

1. 能潤澤肌膚、防止乾性肌膚之敏感現象。
2. 可潤滑腸道促進排便（內服）。
3. 針對肌肉痠痛能有效的抒解。
4. 能舒緩皮膚發炎的現象。
5. 適合全身按摩，易於被皮膚吸收。
6. 具有消炎止痛的功效。

適用膚質

1. 乾性肌膚：高地薰衣草 2d ＋安息香 3d ＋甜杏仁油 10ml。
2. 老化肌膚：高地薰衣草 2d ＋橙花 1d ＋安息香 2d ＋甜杏仁油 10ml。
3. 肌肉、骨骼痠痛：真正薰衣草 2d ＋鼠尾草 2d ＋乳香 2d ＋甜杏仁油 10ml。
4. 幼兒、兒童之肌膚：高地薰衣草 2d ＋甜杏仁油 10ml。
5. 乾癬濕疹之肌膚：洋甘菊 2d ＋天竺葵 1d ＋高地薰衣草 2d ＋甜杏仁油 10ml。

植物油心得筆記

1. 使用此種植物油按摩於臉部及身體並寫出使用心得。

荷荷芭油
Jojoba Oil

拉丁學名	Simmondsia Chinensis
植物科別	黃楊科 Buxaceae
萃取方式	冷壓
萃取部位	種籽

Aromatherapy & Body Care

植物油特性

　　呈金黃色澤，具有耐高溫、抗氧化之效果。荷荷芭油因具有耐高溫、耐保存及抗氧化之效果，故其是所有植物基礎油中穩定性最高的，常被用於化妝品與頭髮養護產品中做為潤澤護理之用。

主要脂肪酸組合

飽和脂肪酸：硬脂酸、花生酸、棕櫚酸。

單一不飽和脂肪酸：油酸、棕櫚烯酸。

多元不飽和脂肪酸：亞麻油酸、次亞麻油酸。

功效特性

1. 抗氧化效果性佳，常被添加於抗老化妝品中。
2. 適合任何肌膚，尤其是油性、面皰肌膚。
3. 具有消炎作用，特別針對乾性敏感與油性敏感。
4. 滋潤度佳常添加於護髮與美體產品中。

適用膚質

1. 油性敏感：真正薰衣草 2d ＋甜杏仁油 5ml ＋荷荷芭油 5ml。
2. 乾性敏感：高地薰衣草 2d ＋甜杏仁油 5ml ＋荷荷芭油 5ml。
3. 油性面皰肌膚：雪松 1d ＋茶樹 1d ＋甜杏仁油 5ml ＋荷荷芭油 5ml。
4. 乾性肌膚：乳香 1d ＋茉莉 1d ＋甜杏仁油 5ml ＋荷荷芭油 5ml。
5. 頭皮護理：茶樹 2d ＋薑 3d ＋甜杏仁油 5ml ＋荷荷芭油 5ml。
6. 頭髮潤澤：玫瑰 2d ＋安息香 3d ＋甜杏仁油 5ml ＋荷荷芭油 5ml。

植物油心得筆記

1. 使用此種植物油按摩於臉部及身體並寫出使用心得。

玫瑰果油
Rosehip Mosqueta

資料履歷

拉丁學名	Rosehip Seed Oil
植物科別	薔薇科 Rosaceae
萃取方式	冷壓法
萃取部位	種籽

Aromatherapy & Body Care

植物油特性

　　呈金黃色，含有非常豐富的脂肪酸及次亞麻油酸及維生素 A、C 等，是促進肌膚再生之主要用油，但也因為含豐富之脂肪酸，故容易造成酸壞，其保存方法與期限更應留意。

主要脂肪酸組合

飽和脂肪酸：棕櫚酸、硬脂酸、花生酸。

單一不飽和脂肪酸：油酸、棕櫚烯酸。

多元不飽和脂肪酸：亞麻油酸、次亞麻油酸。

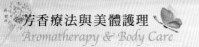
功效特性

　　玫瑰果油為一種野生之玫瑰果樹，而非玫瑰，其含有高度滋潤肌膚之功能，也是一極佳的修復用油，常被添加於抗老化美妝保養品中。

主要功效

1. 促進組織再生，針對傷口及疤痕之癒合有療效。
2. 保濕滋潤效果佳，特別適合乾燥、老化肌膚。
3. 可美白及淡化斑點。
4. 可做日曬後之修護。

適用膚質

1. 乾性、老化肌膚：乳香 1d ＋安息香 1d ＋甜杏仁油 5ml ＋玫瑰果油 5ml。
2. 痘疤癒合：高地薰衣草 1d ＋茉莉 1d ＋甜杏仁油 5ml ＋玫瑰果油 5ml。
3. 保濕滋潤：茉莉 1d ＋玫瑰 1d ＋甜杏仁油 5ml ＋玫瑰果油 5ml。
4. 美白、淡化斑點：檸檬 1d ＋玫瑰 1d ＋甜杏仁油 5ml ＋玫瑰果油 5ml。
5. 日曬修護：洋甘菊 1d ＋高地薰衣草 1d ＋甜杏仁油 5ml ＋玫瑰果油 5ml。
6. 妊娠紋：天竺葵 2d ＋甜橙 2d ＋橙花 2d ＋甜杏仁油 5ml ＋玫瑰果油 5ml。

植物油心得筆記

1. 使用此種植物油按摩於臉部及身體並寫出使用心得。

葡萄籽油
Grape Seed Oil

拉丁學名	Vitis Vinifera
植物科別	葡萄科 Vitaceae
萃取方式	冷壓法、高壓加熱壓榨法
萃取部位	種籽

Aromatherapy & Body Care

植物油特性

　　呈淡綠色，為葡萄果實內之種籽，富含有維生素 E 群、葡萄多酚及青花素…等，具有極佳之抗氧化成分，常被用於保健食品之添加。

主要脂肪酸組合

飽和脂肪酸：棕櫚酸、硬脂酸、花生酸。

單一不飽和脂肪酸：油酸、棕櫚烯酸。

多元不飽和脂肪酸：亞麻油酸、次亞麻油酸。

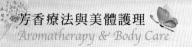
功效特性

1. 抗氧化效果佳，可防止體內器官之老化。
2. 有極佳的親膚性易於被皮膚吸收。
3. 有修復抗老化之效果，適用於面皰敏感肌及老化肌膚。

適用膚質

1. 老化肌膚：玫瑰 1d ＋乳香 1d ＋葡萄籽油 5ml ＋榛果油 5ml。
2. 油性面皰肌膚：薰衣草 1d ＋茶樹 1d ＋葡萄籽油 5ml ＋荷荷芭油 5ml。
3. 敏感肌膚：洋甘菊 1d ＋玫瑰 1d ＋葡萄籽油 5ml ＋榛果油 5ml。

植物油心得筆記

1. 使用此種植物油按摩於臉部及身體並寫出使用心得。

2. 練習用此種植物油調和單方精油，調配 1% 濃度之臉部按摩油及 2.5% 之身體按摩油使用，並寫出感想。

小麥胚芽油
Wheat Germ Oil

資料履歷

拉丁學名	Triticunm Sativum
植物科別	禾本科 Gramineae
萃取方式	高溫壓榨法
萃取部位	胚芽

Aromatherapy & Body Care

植物油特性

　　小麥胚芽油呈較深的深黃褐色，味道較重，油質較濃郁具黏性，富含維生素 E，也具有極佳之抗氧化效果。

主要脂肪酸組合

飽和脂肪酸：棕櫚酸、硬脂酸、樵油酸。

單一不飽和脂肪酸：油酸。

多元不飽和脂肪酸：亞麻油酸、次亞麻油酸。

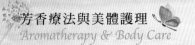

功效特性

　　小麥胚芽油，就是坊間所稱之維生素 E 油，其因有極佳的防腐效果，故也被稱為天然之抗氧化劑，常被添加於食物的防腐及保養品的抗老化產品中。其有下列之功效：

1. 潤澤肌膚。

2. 有消炎止痛功效。

3. 內含維生素 E 可清除血液中之膽固醇。

適用膚質

1. 乾性肌膚：薰衣草 1d ＋安息香 1d ＋小麥胚芽油 5ml ＋玫瑰果油 5ml。

2. 老化抗皺肌膚：薰衣草 1d ＋茉莉 1d ＋橙花 1d ＋小麥胚芽油 5ml ＋玫瑰果油 5ml。

植物油心得筆記

1. 使用此種植物油按摩於臉部及身體並寫出使用心得。

2. 練習用此種植物油調和單方精油，調配 1% 濃度之臉部按摩油及 2.5% 之身體按摩油使用，並寫出感想。

杏桃仁油
Apricot Kernel Oil

資料履歷

拉丁學名	Prunus Armeniaca
植物科別	薔薇科 Rosaceae
萃取方式	冷壓法
萃取部位	核仁

Aromatherapy & Body Care

植物油特性

與甜杏仁油功效相近，呈淡黃色。

主要脂肪酸組合

飽和脂肪酸：棕櫚酸、硬脂酸、花生酸。

單一不飽和脂肪酸：油酸、棕櫚烯酸。

多元不飽和脂肪酸：亞麻油酸、次亞麻油酸。

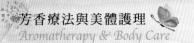

功效特性

　　杏桃仁油含有豐富之維生素與礦物質，具有消炎鎮靜之功效，其功效與甜杏仁油非常相近。

1. 能潤澤肌膚、防止乾性肌膚之敏感現象。

2. 可潤滑腸道促進排便（內服）。

3. 針對肌肉關節痠痛能有效的抒解。

4. 能舒緩皮膚發炎的現象。

5. 適合全身按摩，易於被皮膚吸收。

6. 具有消炎止痛的功效。

7. 鎖水、保濕效果佳，適合用於臉部按摩。

適用膚質

1. 乾性肌膚：高地薰衣草 2d ＋安息香 3d ＋甜杏仁油 5ml ＋杏桃仁油 5ml。

2. 老化肌膚：高地薰衣草 2d ＋橙花 3d ＋甜杏仁油 5ml ＋杏桃仁油 5ml。

3. 肌肉、骨骼痠痛：真正薰衣草2d＋鼠尾草2d＋乳香2d＋甜杏仁油5ml＋杏桃仁油5ml。

4. 幼兒、兒童之肌膚：高地薰衣草 2d ＋甜杏仁油 5ml ＋杏桃仁油 5ml。

5. 乾癢濕疹之肌膚：洋甘菊 2d ＋天竺葵 3d ＋甜杏仁油 5ml ＋杏桃仁油 5ml。

植物油心得筆記

1. 使用此種植物油按摩於臉部及身體並寫出使用心得。

橄欖油
Olive Oil

資料履歷

拉丁學名	Olea Europaea
植物科別	木樨科 Oleaceae
萃取方式	冷壓法
萃取部位	果實

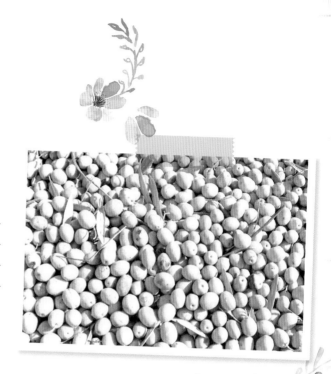

Aromatherapy & Body Care

植物油特性

　　淺綠色富含豐富的不飽和脂肪酸及抗氧化成分，常被用來做為養生之食用油使用，用在身體保養中有滋潤及抗氧化之功效。

主要脂肪酸組合

單一不飽和脂肪酸：油酸。

多元不飽和脂肪酸：亞麻油酸、次亞麻油酸。

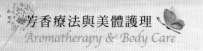

功效特性

1. 內服時可降低膽固醇，可預防心血管疾病。
2. 具有消炎、鎮靜之效果。
3. 可潤澤肌膚。

適用膚質

1. 敏感肌膚：高地薰衣草 1d ＋洋甘菊 1d ＋橄欖油 5ml 及葡萄籽油 5ml。
2. 乾性肌膚：安息香 1d ＋橙花 1d ＋橄欖油 5ml 及葡萄籽油 5ml。
3. 老化肌膚：乳香 1d ＋依蘭 1d ＋洋甘菊 1d ＋橄欖油 5ml 及葡萄籽油 5ml。

植物油心得筆記

1. 使用此種植物油按摩於臉部及身體並寫出使用心得。

2. 練習用此種植物油調和單方精油，調配 1% 濃度之臉部按摩油及 2.5% 之身體按摩油使用，並寫出感想。

榛果油
Hazelnut Oil

資料履歷

拉丁學名	Corylus Avellana
植物科別	樺木科 Betulaceae
萃取方式	冷壓
萃取部位	果仁

Aromatherapy & Body Care

植物油特性

富含豐富之維生素及不飽和脂肪酸，豐富的不飽和脂肪酸可清除血液中之膽固醇，也是極佳之肌膚保濕劑。

功效特性

具有極佳之肌膚潤澤效果，可降低膽固醇（內服用）。

主要脂肪酸組合

飽和脂肪酸：棕櫚酸、硬脂酸。

單一不飽和脂肪酸：油酸、棕櫚烯酸。

多元不飽和脂肪酸：亞麻油酸。

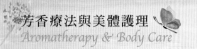

適用膚質

1. 乾性：乳香 1d ＋安息香 1d ＋榛果油 5ml ＋玫瑰果油 5ml。

2. 老化：檀香 1d ＋玫瑰 1d ＋榛果油 5ml ＋玫瑰果油 5ml。

3. 敏感：洋甘菊 1d ＋薰衣草 1d ＋榛果油 5ml ＋玫瑰果油 5ml。

4. 油性、面皰：薰衣草 1d ＋茶樹 1d ＋榛果油 5ml ＋荷荷芭油 5ml。

植物油心得筆記

1. 使用此種植物油按摩於臉部及身體並寫出使用心得。

2. 練習用此種植物油調和單方精油，調配 1% 濃度之臉部按摩油及 2.5% 之身體按摩油使用，並寫出感想。

琉璃苣油
Borage Oil

資料履歷

拉丁學名	Borago Officinalis
植物科別	紫草科 Boraginaceae
萃取方式	冷壓法
萃取部位	種籽

Aromatherapy & Body Care

植物油特性

　　富含豐富之 γ- 亞麻仁油酸，可促進代謝增強免疫力。針對婦科經期調理也具有療效，因其價格較高且保存不易，故除注意保存外，也建議與其他基底油混合使用。

主要脂肪酸組合

飽和脂肪酸：棕櫚酸、硬脂酸。

單一不飽和脂肪酸：油酸、二十碳烯酸。

多元不飽和脂肪酸：亞麻油酸、α 與 γ 次亞麻油酸。

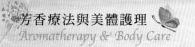

功效特性

1. 可增強免疫力。
2. 可調理經期不順及對婦科有療效。
3. 可改善乾燥、發炎之肌膚。

適用膚質

1. 乾燥老化肌膚：天竺葵 1d ＋檀香 1d ＋琉璃苣油 5ml ＋荷荷芭油 5ml。
2. 異位性皮膚炎：洋甘菊 1d ＋高地薰衣草 1d ＋琉璃苣油 5ml ＋玫瑰果油 5ml。

植物油心得筆記

1. 使用此種植物油按摩於臉部及身體並寫出使用心得。

2. 練習用此種植物油調和單方精油，調配 1% 濃度之臉部按摩油及 2.5% 之身體按摩油使用，並寫出感想。

芝麻油
Sesame Oil

資料履歷

拉丁學名	Sesamum Indicum
植物科別	胡麻科 Martyniaceae
萃取方式	高溫或冷壓榨
萃取部位	種籽

Aromatherapy & Body Care

植物油特性

　　為白芝麻種籽所萃取而來，顏色呈淡黃色，油而不膩，對身體具有溫暖之療效，常被用於食補，近年也被芳療界拿來做身體 SPA 護理。

主要脂肪酸組合

飽和脂肪酸：棕櫚酸、硬脂酸、花生酸。

單一不飽和脂肪酸：油酸、棕櫚烯酸。

多元不飽和脂肪酸：亞麻油酸、α- 次亞麻油酸。

功效特性

1. 具有溫暖身體的功效。
2. 可幫助循環代謝。
3. 適合乾燥、老化肌膚。
4. 內服可潤腸之效果、排除宿便。
5. 針對體質虛寒者具有保健之效果。

適用膚質

1. 乾燥老化肌膚：天竺葵 1d ＋安息香 1d ＋芝麻油 5ml ＋杏核仁油 5ml。
2. 手腳冰冷者：迷迭香 2d ＋薑 3d ＋芝麻油 5ml ＋杏核仁油 5ml。

植物油心得筆記

1. 使用此種植物油按摩於臉部及身體並寫出使用心得。

2. 練習用此種植物油調和單方精油，調配 1% 濃度之臉部按摩油及 2.5% 之身體按摩油使用，並寫出感想。

月見草油
Evening Primrose Oil

資料履歷

拉丁學名	Oenothera Biennis
植物科別	柳葉菜科 Onagraceae
萃取方式	冷壓法
萃取部位	種籽

Aromatherapy & Body Care

植物油特性

　　黃色透明之油質，易氧化，可做為婦科內分泌調理用，大部分被用於口服之保健食品。若用於身體較常與其他油混合使用。

主要脂肪酸組合

飽和脂肪酸：棕櫚酸、硬脂酸。

單一不飽和脂肪酸：油酸。

多元不飽和脂肪酸：亞麻油酸、α、γ- 次亞麻油酸。

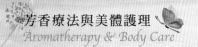
功效特性

1. 針對更年期及月經不順具有調理之效果。
2. 能改善身體之炎症現象。
3. 可舒緩憂鬱的情緒。
4. 對於老化、乾燥肌膚具有滋潤之功效。

適用膚質

1. 風濕關節炎：尤加利 2d ＋羅勒 2d ＋洋甘菊 2d ＋月見草油 5ml ＋甜杏仁油 5ml。
2. 異位性皮膚炎：洋甘菊 2d ＋月見草油 5ml ＋甜杏仁油 5ml。
3. 乾燥敏感肌：薰衣草 2d ＋月見草油 5ml ＋甜杏仁油 5ml。
4. 老化肌膚：橙花 2d ＋玫瑰 3d ＋月見草油 5ml ＋甜杏仁油 5ml。
5. 調理婦科：茴香 1d ＋橙花 2d ＋玫瑰 2d ＋依蘭 2d ＋月見草油 5ml ＋甜杏仁油 5ml。

植物油心得筆記

1. 使用此種植物油按摩於臉部及身體並寫出使用心得。

2. 練習用此種植物油調和單方精油，調配 1% 濃度之臉部按摩油及 2.5% 之身體按摩油使用，並寫出感想。

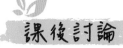

課後討論

1. 有一個案，年齡約 50 歲，臉部有黑斑、肌膚乾燥，請您為其調配芳療用油。

2. 有一個案正值青春期，臉部有明顯之青春痘，請您為其調配芳療用油。

3. 可調理婦科之基礎用油有哪幾種？

4. 請寫出適合乾燥、老化肌膚之基礎油 5 種以上。

5. 請寫出基底油的功用。

6. 對肌肉、骨骼具有止痛效果之基底油有哪些？

7. 有一個案有便祕之現象，請您針對此症狀建議其包括按摩與內服的芳療用油。

MEMO

單方精油專論

Aromatherapy
&
Body Care

本章將依精油之化學分類列舉芳香療法中常見之單方精油做說明：

8-1　單萜烯類分子精油

☆ **物理性質**：單萜烯類分子 (Monoterpenes) 氣味淡雅清香，油質色澤較為清澈，容易揮發及產生氧化，故要儲存於陽光照射不到之處。單萜烯類分子大多用於前調精油，其中以芸香科類之精油含量最多。

☆ **藥學屬性**：有清潔、殺菌、淨化、美白、消炎、止痛、祛咳、抗感染、促進循環及排水等效果。

☆ **心靈療癒**：有提振能量、激勵心靈、強化正向積極的態度，使人有溫暖平和感。

☆ **使用注意事項**：

1. 易氧化，若保存不當，易造成皮膚過敏。

2. 有些單萜烯類分子精油，如芸香科柑橘類精油具有光敏性，使用後勿進行日曬。

單萜烯類分子精油計有：葡萄柚、檸檬、甜橙、佛手柑、絲柏、杜松漿果、乳香、黑胡椒、蘇格蘭桔、銀樅及黑雲杉…等。以下針對芳香療法較常用之單方精油作介紹及解說。

葡萄柚
Grapefruit

資料履歷

拉丁學名	Citrus Paradisi
植物科別	芸香科 Rutaceae
萃取部位	果皮
萃取方式	蒸餾法、針刺法、低溫壓榨法
調　　性	前調
精油特性	激勵提振精神、排水促進代謝、抗沮喪、溫暖人心、殺菌、消毒

Aromatherapy & Body Care

使用注意事項

具光敏性，使用後避免陽光照射，以防皮膚過敏及曬黑。

主要化學成分

檸檬烯、單萜烯、醛類、檸檬醛、酯類。

精油的功效

1. 神經系統：能平衡中樞神經系統，進而舒緩情緒或壓力帶來的焦慮不安、頭痛、胸悶等問題。

2. 免疫系統：能提振免疫系統機能，以減低感冒或流行性感冒之侵襲。

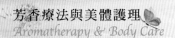

3. 淋巴系統：可提振淋巴系統，促進淋巴體液之代謝與循環，進而達到排除體內廢水。故針對肥胖引起的水毒、橘皮組織有一定之功效。

4. 肌肉系統：針對肌肉痠痛、僵硬、拉傷、扭傷及運動過度，具有促進循環與舒緩之功效。

5. 消化系統：能解肝毒、膽結石、幫助胃消化。

單方精油心得筆記

1. 使用此種單方精油嗅吸或薰香並寫出使用心得。

2. 練習用此種單方精油調和植物油，調配 1% 濃度之臉部按摩油及 2.5% 之身體按摩油使用，並寫出感想。

檸 檬
Lemon

資料履歷

拉丁學名	Citrus Limonum
植物科別	芸香科 Rutaceae
萃取部位	果皮
萃取方式	冷溫壓榨法、針刺法、蒸餾法
調　　性	前調
精油特性	激勵提振、排水促進代謝、抗沮喪、溫暖人心、殺菌、消毒

Aromatherapy & Body Care

使用注意事項

具光敏性，皮膚較易敏感者及怕曬黑者使用後避免照射陽光，以防曬黑及敏感。

主要化學成分

單萜烯、檸檬烯、倍半萜烯、脂肪醛、酯類等。

精油的功效

1. 循環系統：其具有促進血液循環進而達到利尿、排水、淨化及消炎之功效。可改善靜脈曲張。

2. 骨骼／肌肉系統：針對痛風、關節炎所引起之疼痛，具有緩解及改善之功效。

3. 免疫系統：其具有激勵白血球及淨化血液之功能，進而增強免疫系統，防止感冒及其症狀。

4. 泌尿系統：針對尿道引起的發炎或尿結石、腎結石等具有功效。

5. 消化系統：可去肝毒，解腹脹、腹瀉及食慾不振。

6. 內分泌系統：可調和酸性體質，達到體內淨化之功效。

7. 皮膚系統：對臉部肌膚有癒合、淡疤、美白之功效。可改善橘皮組織。

單方精油心得筆記

1. 使用此種單方精油嗅吸或薰香並寫出使用心得。

2. 練習用此種單方精油調和植物油，調配 1% 濃度之臉部按摩油及 2.5% 之身體按摩油使用，並寫出感想。

甜 橙
Sweet Orange

拉丁學名	Citrus Sinensis
植物科別	芸香科 Rutaceae
萃取部位	果皮
萃取方式	冷溫壓榨法、針刺法、蒸餾法
調　性	前調
精油特性	芳香甜美之香氛，具有撫慰情緒、安撫人心之功效，可抒憂解鬱及幫助睡眠。更具有消炎、鎮靜、排水、利尿等功效

Aromatherapy & Body Care

使用注意事項

具光敏性，使用後避免陽光照射以防皮膚過敏及曬黑。

主要化學成分

單萜烯、檸檬烯。

精油的功效

1. 循環系統：其具有促進血液循環進而達到利尿、排水及淨化、消炎之功效。
2. 皮膚系統：可改善橘皮組織。

3. 肌肉系統：針對肌肉痠痛、僵硬、拉傷、扭傷、運動過度等，具有促進循環及舒緩之功效。

4. 消化系統：可改善腸痙攣、腸激症、消化不良及胃脹，並具消炎、增進食慾之功效。

5. 淋巴系統：促進淋巴系統循環，增強排毒及代謝。

6. 神經系統：可調節自律神經系統，進而達到安神，舒緩憂鬱、焦躁及壓力造成之症狀。

單方精油心得筆記

1. 使用此種單方精油嗅吸或薰香並寫出使用心得。

2. 練習用此種單方精油調和植物油，調配 1% 濃度之臉部按摩油及 2.5% 之身體按摩油使用，並寫出感想。

佛手柑
Bergamot

資料履歷

拉丁學名	Citrus Bergamia
植物科別	芸香科 Rutaceae
萃取部位	果皮
萃取方式	冷溫壓榨法、針刺法、蒸餾法
調　　性	前調
精油特性	氣味芳香清新，具鎮靜、安撫人心及提振精神之功效，也可助皮膚消炎、殺菌及傷口癒合

Aromatherapy & Body Care

使用注意事項

　　具光敏性，皮膚較易敏感者及怕曬黑者使用後避免照射陽光，以防曬黑及敏感。

主要化學成分

　　單萜烯、檸檬烯、酯類、乙酸沉香酯、單萜醇。

精油的功效

1. 神經系統：可調節自律神經系統，進而達到安神，舒緩憂鬱、焦躁及壓力造成之症狀。

2. 消化系統：針對胃、腸所引發之疼痛（消化不良、胃脹）、痙攣（腸痙攣、腸激症）具有緩解之功效，並增進食慾及消炎。

3. 生殖／泌尿系統：針對膀胱炎、尿道炎、陰道炎所引起之泌尿道感染，或分泌物過多、搔癢等，具有消炎、抗菌緩解之功效。

4. 免疫系統：具促進淋巴循環及提升免疫系統之機能，進而達到抗炎、殺菌、舒緩感冒症狀之功效。

5. 肌肉系統：針對肌肉痠痛、僵硬、拉傷、扭傷、運動過度，具有促進循環及舒緩之功效。

6. 皮膚系統：針對油性、混合性肌膚，具有平衡油脂、酸鹼均衡、潔淨、抗菌、消炎、結痂、防止粉刺、青春痘之滋生。

單方精油心得筆記

1. 使用此種單方精油嗅吸或薰香並寫出使用心得。

2. 練習用此種單方精油調和植物油，調配 1% 濃度之臉部按摩油及 2.5% 之身體按摩油使用，並寫出感想。

絲柏
Cypress

資料履歷

拉丁學名	Cupressus Sempervirens
植物科別	柏科 Cupressaceae
萃取部位	枝、葉
萃取方式	蒸餾法
調　性	中調
精油特性	排水、利尿、消毒、收斂、排肝毒、抗痙攣

Aromatherapy & Body Care

使用注意事項

1. 懷孕之孕婦、癌症之患者避免使用。

2. 患有高血壓之患者須謹慎使用，濃度不太可高，建議 1% 以下。

主要化學成分

單萜烯、倍半萜烯、酯類。

精油的功效

1. 呼吸系統：有抗菌、消炎、止咳之功效，故針對呼吸道引起之感染如：咳嗽、支氣管炎、氣喘、肺炎、喉嚨發炎等症狀有緩解之療效。

2. 循環系統：可收斂血管與促進體內循環之功效，故針對靜脈炎、靜脈曲張、循環不良、橘皮組織、水腫、風濕、流血、痔瘡等有舒緩之功效。

3. 神經系統：可平衡神經系統，進而達到安撫情緒之效果，故針對壓力與情緒所引起之焦慮、喋喋不休、緊繃、憂鬱等症狀具有撫慰及舒緩之功效。

4. 生殖／泌尿系統：具有調節荷爾蒙與收斂、抗炎之功效，故因月經症候群之疼痛、經血量過多或更年期障礙者具有緩解之療效。

5. 皮膚功效：因具有收斂效果，故可抑制面皰，針對油性肌膚與患有多汗症者，具有緩解之療效。

單方精油心得筆記

1. 使用此種單方精油嗅吸或薰香並寫出使用心得。

2. 練習用此種單方精油調和植物油，調配 1% 濃度之臉部按摩油及 2.5% 之身體按摩油使用，並寫出感想。

杜松
Juniper Berry

資料履歷

拉丁學名	Juniperus Communis
植物科別	柏科 Cupressaceae
萃取部位	漿果
萃取方式	蒸餾法
調　性	中調
精油特性	具有利尿、排水、滋補生殖系統、消炎、殺菌、鎮靜、促進循環代謝、排除體內廢物、抗風濕等功效

Aromatherapy & Body Care

使用注意事項

1. 因具有極強之利尿排水功能，若用於下半身排水，濃度若過高應注意補充適量之水分，睡前較不建議使用，以免因利尿而影響睡眠品質。

2. 若長期做為排水利尿使用，建議濃度在 2.5% 以下。

主要化學成分

單萜烯、單萜醇、氧化物。

精油的功效

1. 循環系統：可促進循環而達到利尿、排濕、排水，進而改善因水腫產生之肥胖。

2. 骨骼／肌肉系統：針對痛風及風濕、關節炎之疼痛具有緩解之療效。

3. 生殖／泌尿系統：針對生產泌尿系統所引起之膀胱炎、尿道炎、陰道感染、痛經、少尿症，更年期等具有緩解之療效。

4. 消化系統：可促進腸胃蠕動、消脹氣、助消化及平衡食慾。

5. 呼吸系統：有抗菌、消炎、止咳之功效，故針對呼吸道引起之感染如：咳嗽、支氣管炎、氣喘、肺炎、喉嚨發炎等症狀有緩解之療效。

6. 皮膚功效：可緩解油性肌膚及皮脂漏而產生發炎紅腫之症狀。

單方精油心得筆記

1. 使用此種單方精油嗅吸或薰香並寫出使用心得。

2. 練習用此種單方精油調和植物油，調配 1% 濃度之臉部按摩油及 2.5% 之身體按摩油使用，並寫出感想。

乳 香
Frankincense

資料履歷

拉丁學名	Boswellia Carteri
植物科別	橄欖科 Burseraceae
萃取部位	樹脂
萃取方式	蒸餾法、二氧化碳超臨界萃取法
調　性	基調
精油特性	可止痛、抗痙攣、調經、針對呼吸道感染具療效、抗炎症等

Aromatherapy & Body Care

使用注意事項

1. 最佳安全用量為濃度 2.5%。

2. 孕婦請小心使用，濃度建議於 1% 以下。

主要化學成分

單萜烯、倍半萜烯。

精油的功效

1. 肌肉系統：可緩解肌肉引起之炎症與痠痛。

2. 生殖／泌尿系統：針對生殖泌尿系統感染而造成之膀胱炎、尿道炎、腎臟發炎、痛經、經血量過多、分泌物過多等症狀具有舒緩之療效。

3. 神經系統：可安撫及平衡中樞神經系統，故針對憂鬱、焦慮、躁鬱、壓力等情緒問題具有安定撫慰之功效。

4. 呼吸系統：具抗菌、消毒、解痰、鎮咳，針對呼吸系統引發之炎症具有舒緩之療效，並可平衡呼吸之頻率。

5. 消化系統：對胃脹、消化不良具緩解之功效。

6. 皮膚功效：針對油性發炎肌膚具有癒合傷口、消炎、鎮靜、淡疤、平衡油脂之功效。針對乾燥老化肌膚具有保濕、防皺之功效。

單方精油心得筆記

1. 使用此種單方精油嗅吸或薰香並寫出使用心得。

2. 練習用此種單方精油調和植物油，調配 1% 濃度之臉部按摩油及 2.5% 之身體按摩油使用，並寫出感想。

8-2 單萜醇類分子精油

☆ **物理特質**：單萜醇類分子 (Monoterpenols) 由 10 個碳原子與氫氧基組成，被認為是對人體最有益的成分之一，其揮發度與活性低於單萜烯類分子，但在抗病毒藥學之作用較單萜烯類分子強。

☆ **藥學屬性**：具有極佳的殺菌、抗病毒、消炎、止痛及抗痙攣特性，某些單萜醇精油有質感極佳的香氣，並具有調節及舒緩神經系統及兼具抗感染、利肝、補膽的效果。

☆ **心靈療癒**：可振奮人心、抒解不佳的情緒，激勵提振隱藏在心靈深處的潛質，使內心回歸於最真實平和的自我，增強面對困境的勇氣。

☆ **使用注意事項**：

1. 溫和無顯著毒性。

2. 易產生氧化現象，故應注意保存方式，以免氧化造成變質，開封後勿久置不用，以免影響精油品質及造成使用者皮膚過敏。

　　常見的單萜醇類精油有：玫瑰草、大馬士革玫瑰、橙花、天竺葵、茶樹、歐薄荷、花梨木、百里香、甜馬鬱蘭、羅勒、洋甘菊、芳樟等。以下針對芳香療法較常用之單方精油作介紹及解說。

玫瑰草
Palmarosa

資料履歷	
拉丁學名	Cymbopogon Martinii Var. Motia
植物科別	禾木科 Gramineae
萃取部位	葉片
萃取方式	蒸餾法
調　　性	前調
精油特性	具有甜美的香氛、抗菌及消除身體異味之功效，因與昂貴的玫瑰精油有相近之香氛，故常被添加於玫瑰精油中販售以降低成本

使用注意事項

無。

主要化學成分

單萜醇、倍半萜醇、酯類、單萜烯、倍半萜烯。

精油的功效

1. 皮膚系統：能增進皮膚之保濕度及具有消炎抗菌之功效，故針對青春痘、皮膚炎、濕疹與缺水性肌膚均有促進皮膚再生之能力。

2. 呼吸系統：針對呼吸道感染所引起之咽、喉、支氣管發炎之症狀具有緩解之功效。

3. 泌尿／生殖系統：能調解子宮機能及針對泌尿道感染之症狀，具有殺菌及緩解疼痛之功效。

4. 神經系統：針對交感與副交感神經具有平衡之功效，可抒解壓力所造成之緊張、焦慮、恐慌、憂鬱等症狀。

5. 肌肉／骨骼系統：針對肌肉痠痛及關節炎等具有消炎鎮靜之功效。

單方精油心得筆記

1. 使用此種單方精油嗅吸或薰香並寫出使用心得。

2. 練習用此種單方精油調和植物油，調配 1% 濃度之臉部按摩油及 2.5% 之身體按摩油使用，並寫出感想。

大馬士革玫瑰
Damascan Rose

資料履歷	
拉丁學名	Rosa Damascena
植物科別	薔薇科 Rosaceae
萃取部位	花朵
萃取方式	蒸餾法或溶劑萃取法（較少用）
調　　性	基調
精油特性	具有非常甜美的香氛，能讓使用者如沐浴於幸福溫暖的氛圍中，非常適合女性的一款精油

Aromatherapy & Body Care

使用注意事項

懷孕初、後期避免使用，穩定期以 1% 之濃度為宜。

主要化學成分

單萜醇、倍半萜醇、酯類、單萜烯、倍半萜烯。

精油的功效

1. 皮膚系統：能促進皮膚之再生能力及癒合功能，故針對老化、乾燥及痘疤、美白保濕等頗具療效。

2. 內分泌系統：針對內分泌異常所引起的症狀，如月經不順、青春期、更年期等症狀具有緩解之功效。

3. 生殖系統：針對子宮具有滋補修護之功效，可抒解子宮肌瘤、不孕、性冷感之症狀。

4. 神經系統：針對壓力及疲勞所引起之現代文明病，如憂鬱、躁鬱、恐慌、失眠等具有安眠、鎮靜抒解之功效。

5. 循環系統：可滋補心血管、改善末稍循環，針對心悸、循環不良所引起的手腳麻痺、手腳冰冷及低血壓問題具有抒解之功效。

單方精油心得筆記

1. 使用此種單方精油嗅吸或薰香並寫出使用心得。

2. 練習用此種單方精油調和植物油，調配 1% 濃度之臉部按摩油及 2.5% 之身體按摩油使用，並寫出感想。

橙花
Neroli

拉丁學名	Citrus b. Garadia
植物科別	芸香科 Rutaceae
萃取部位	花朵
萃取方式	蒸餾法、溶劑萃取法（少用）
調　　性	基調
精油特性	香氛淡雅內斂，百分之百的橙花精油味道偏淡帶苦味，但若稀釋於基底油後，即有非常淡雅芳香之香氛。若搭配苦橙或苦橙葉更能突顯橙花高雅的香氛，是極佳的安神精油

使用注意事項

無。

主要化學成分

單萜醇、倍半萜醇、單萜烯、酯類。

精油的功效

1. 皮膚系統：可促進細胞之再生、修護與美白，並有抑菌之效果，故針對老化、乾燥、疤痕、油性肌膚、皮膚炎等具有修護之功效。

2. 神經系統：是絕佳的安神精油，可調解自律神經系統，針對躁鬱、喋喋不休、失眠及情緒不穩、憂鬱、神經痛、頭痛等具有緩解之療效。

3. 循環系統：可透過自律神經系統激勵及調節循環系統，故針對心絞痛、心悸引起之呼吸困難、末梢循環不佳、靜脈炎、高血壓等症狀具有抒解之功效。

4. 免疫系統：可釋放腎上腺皮質固醇，針對身體因免疫系統失調所引發之炎症，如皮膚炎、支氣管炎、咽喉炎、腸炎、胃炎等，具有抒解的功效。

5. 消化系統：針對腸胃炎、腹瀉、腹絞痛、腸胃痙攣等，具有殺菌、消炎、舒緩病症之功效。

單方精油心得筆記

1. 使用此種單方精油嗅吸或薰香並寫出使用心得。

2. 練習用此種單方精油調和植物油，調配 1% 濃度之臉部按摩油及 2.5% 之身體按摩油使用，並寫出感想。

天竺葵
Geranium

資料履歷	
拉丁學名	Pelargonium Graveolens
植物科別	牻牛兒科 Geraniaceae
萃取部位	花及葉片
萃取方式	蒸餾法
調　性	中調
精油特性	擁有玫瑰般的香氛，功能亦與之相近，故又稱之為貧（平）民的玫瑰，用以替代玫瑰或與之混合使用

使用注意事項

懷孕前四個月不可使用，穩定期時須注意濃度，以 1~2.5% 為宜。

主要化學成分

單萜醇、單萜烯、半倍萜烯、酯類、醛類、酮類。

精油的功效

1. 皮膚系統：針對油性肌膚具有平衡皮脂腺之功效，故對油性、面皰、脂漏性皮膚具有殺菌、消炎、癒合傷口之功效，針對皮膚傷口及油性頭皮也有舒緩之效果，還能改善橘皮組織。

2. 內分泌系統：是絕佳的腎上腺皮脂平衡劑，可調理內分泌系統，緩解女性
   更年期症狀之不適及甲狀腺失調所引起的症狀。

3. 泌尿／生殖系統：因具排水、利尿、殺菌之效果，故針對膀胱炎、尿道炎
   及念珠菌感染、黴菌感染者具有抒解之療效。

4. 神經系統：因具有止痛、抗痙攣及平衡之作用，故針對各種炎症具有功效，
   其平衡的功效也可緩解情緒性心理之症狀，如焦慮、憂鬱、躁鬱、頭痛、
   失眠等症狀。

5. 循環系統：可調理平衡淋巴系統所引起之疾病，如水腫、靜脈曲張。常與
   絲柏搭配，用於消除水腫等症狀的緩解。

單方精油心得筆記

1. 使用此種單方精油嗅吸或薰香並寫出使用心得。

2. 練習用此種單方精油調和植物油，調配 1% 濃度之臉部按摩油及 2.5% 之身
   體按摩油使用，並寫出感想。

茶 樹
Tea Tree

Aromatherapy & Body Care

資料履歷

拉丁學名	Melaleuca Alternifolia
植物科別	姚金孃科 Myrtaceae
萃取部位	枝、葉
萃取方式	蒸餾法
調　　性	前調
精油特性	具抗黴菌、抗病毒、提升免疫系統之特性

使用注意事項

1. 皮膚敏感者，謹慎使用，濃度勿過高。
2. 不建議內服，以嗅、吸、塗抹為宜。

主要化學成分

　　單萜醇、單萜烯、倍半萜烯、酮類、酯類、氧化物。

精油的功效

1. 皮膚系統：可消炎、抗黴菌，故針對油性面皰肌膚及油性頭皮、香港腳所產生的炎症、潰爛現象具有緩解的功能。

2. 呼吸系統：針對呼吸道感染所造成的咽喉炎、扁桃腺炎、支氣管炎、鼻炎等具有舒緩的功效。

3. 泌尿／生殖系統：針對尿道感染之膀胱炎、陰道炎、疱疹、念珠菌等具有殺菌、抗感染之功效。

4. 免疫系統：具有殺菌、抗病毒的功效，可增強抗體，提升免疫功能。

單方精油心得筆記

1. 使用此種單方精油嗅吸或薰香並寫出使用心得。

2. 練習用此種單方精油調和植物油，調配 1% 濃度之臉部按摩油及 2.5% 之身體按摩油使用，並寫出感想。

8-3 單萜酮類分子精油

☆ **物理特質**：單萜酮分子 (Monoterpenones) 因具有神經毒性，故不適合高劑量及長期使用，也不建議內服。

☆ **藥理屬性**：可止咳祛痰、抗病毒、止痛、化瘀，並可促進組織細胞生成、傷口癒合、利尿及脂肪的分解。

☆ **心靈療癒**：能賦予心靈高度的淨化、提升心靈層次，得到正面積極自然靈性的能量。

☆ **使用注意事項**：

1. 因具有神經毒性，故建議低劑量，濃度 1% 以下並且勿長期使用。

2. 老人、重病者、嬰幼兒及孕婦避免使用。

　　常見的單萜酮類精油有：牛膝草、鼠尾草、綠薄荷、薄荷尤加利、樟腦迷迭香、永久花、馬鞭草酮迷迭香、香柏木。以下針對芳香療法較常用之單方精油作介紹及解說。

牛膝草
Hyssop

資料履歷

拉丁學名	Hyssopus Officinalis
植物科別	脣形科 Labiatae
萃取部位	花與葉
萃取方式	蒸餾法
調　　性	中調
精油特性	具有抗病毒、祛痰、消水腫、提升血壓的攻效

Aromatherapy & Body Care

使用注意事項

重症者、老人、嬰幼兒、孕婦、高血壓者避免使用。

主要化學成分

單萜酮、倍半萜酮、醇類、烯類。

精油的功效

1. 皮膚系統：具有良好的抗菌、潔淨及癒合傷口的功效，故針對油性面皰肌膚、發炎等引起的疤痕、傷口，具有極佳的癒合效果。

2. 呼吸系統：針對呼吸道所引起的感染，具有消炎的療效，並可祛痰、止咳、化解過多的黏液，針對感冒、咳嗽、咽喉炎、支氣管炎、肺炎、氣喘、鼻竇炎等，具有舒緩症狀之效果。

3. 泌尿／生殖系統：具有效果極佳的抗菌潔淨效果，故針對泌尿道感染，如膀胱炎、陰道炎，具有殺菌、排水、利尿之功效，其也具通經之效果，故經血過少者也可使用。

4. 消化系統：具有分解脂肪的功能，可暖胃助消化，針對腸、胃不適所產生之脹氣、胃腸絞痛等，具有舒緩之功效。

5. 循環系統：可增進血液循環，提高循環系統的功能，並可滋補心臟、收縮血管，故適用於血壓較低者。

單方精油心得筆記

1. 使用此種單方精油嗅吸或薰香並寫出使用心得。

2. 練習用此種單方精油調和植物油，調配 1% 濃度之臉部按摩油及 2.5% 之身體按摩油使用，並寫出感想。

鼠尾草
Common Sage

資料履歷

拉丁學名	Salvia Officinalis
植物科別	脣形科 Labiatae
萃取部位	花與葉
萃取方式	蒸餾法
調　　性	中調
精油特性	具有消炎止痛、抗痙攣、提升血壓、通經、殺菌、抗病毒等功效

Aromatherapy & Body Care

使用注意事項

懷孕期間及高血壓者避免使用。

主要化學成分

單萜酮、倍半萜烯、單萜烯、氧化物、單萜醇。

精油的功效

1. 皮膚系統：針對油性、面皰肌膚、油性頭皮所引起的發炎感染，具有抑菌、消毒及潔淨的功效。

2. 泌尿／生殖系統：可通經，針對更年期不適及泌尿道感染，如黴菌、念珠菌等具有療效。

3. 消化系統：可平衡肝臟和膽的機能，進而促進膽汁的分泌，而加強分解高蛋白質的食物，針對腸胃炎、胃痛也有舒緩的效果。

4. 循環系統：可促進血液循環，並收縮血管促使血壓升高，對血壓低者有助益。

5. 肌肉系統：止痛、消炎的效果良好，針對肌肉使用過度的痠痛、疲勞、疼痛、發炎等具有抒解的功效。

6. 免疫系統：具有極佳的殺菌、抗病毒、消炎的效果，針對流行性感冒或免疫機能下降所引起疱疹、感冒、病毒感染、黴菌感染等具有功效。

單方精油心得筆記

1. 使用此種單方精油嗅吸或薰香並寫出使用心得。

2. 練習用此種單方精油調和植物油，調配 1% 濃度之臉部按摩油及 2.5% 之身體按摩油使用，並寫出感想。

綠薄荷
Spearmint

資料履歷

拉丁學名	Mentha Spicata
植物科別	脣形科 Labiatae
萃取部位	花與葉
萃取方式	蒸餾法
調　性	前調
精油特性	具有提神、集中注意力、消炎、鎮靜、止痛、平衡腸胃機能、消脹氣之功效

Aromatherapy & Body Care

使用注意事項

無。

主要化學成分

單萜酮、單萜烯、倍半萜烯、單萜醇、酯類。

精油的功效

1. 皮膚系統：具有消炎、靜鎮、止癢、殺菌的效果，故針對日曬後之肌膚、蚊蟲叮咬、炎症及油性肌膚，具有舒緩之療效。

2. 呼吸系統：對於呼吸道感染所引起的黏液濃痰，具有抒解之功效。

3. 泌尿／生殖系統：有消炎殺菌之效果，對於泌尿道感染之膀胱炎有排水、利尿之功效。

4. 消化系統：具有養肝、利膽之功效，針對腸、胃機能不佳，如胃脹氣、腸激症、牙痛、口臭、胃痛、消化不良等，具有緩解之功效。

5. 神經系統：具有提振精神，使人注意力集中及止痛消炎、抗痙攣的效果。故針對注意力欠佳、好動躁鬱、牙痛、頭痛、舒緩壓力及憂鬱等，具有特殊的效用。

單方精油心得筆記

1. 使用此種單方精油嗅吸或薰香並寫出使用心得。

2. 練習用此種單方精油調和植物油，調配 1% 濃度之頭部按摩油及 2.5% 之身體按摩油使用，並寫出感想。

薄荷尤加利
Peppermint Eucalyptus

資料履歷

拉丁學名	Eucalyptus Dives
植物科別	姚金孃科 Myrtaceae
萃取部位	枝、葉
萃取方式	蒸餾法
調　　性	前調
精油特性	針對鼻塞、呼吸道感染、感冒、促進血液循環、消炎止痛及提振精神等具有功效

Aromatherapy & Body Care

使用注意事項

以低濃度及短時間使用為宜，重症、老年、孕婦、幼兒避免使用。

主要化學成分

單萜烯、倍半萜烯、單萜醇、單萜酮、氧化物。

精油的功效

1. 皮膚系統：具有良好殺菌潔淨效果，針對油性發炎肌膚及油性頭皮具有效果。
2. 呼吸系統：針對呼吸道感染所引起的炎症現象，如咽喉炎、鼻炎、鼻塞、支氣管炎、肺炎、感冒症狀等具有緩解之功效。

3. 泌尿／生殖系統：針對尿道感染、分泌物過多具有舒緩之效能。

4. 循環系統：可以促進血液循環，並具有排水、利尿之功效。

5. 肌肉／骨骼系統：具止痛、消炎、抗痙攣之效果，故針對肌肉僵硬、痠痛、壓力疼痛、關節炎、肌肉運動傷害等具有療效。

6. 神經系統：可鎮靜舒緩神經系統，提振疲勞的神經，使人注意力集中，對於頭痛、牙痛等具有舒緩之功效。

單方精油心得筆記

1. 使用此種單方精油嗅吸或薰香並寫出使用心得。

2. 練習用此種單方精油調和植物油，調配 1% 濃度之頭部按摩油及 2.5% 之身體按摩油使用，並寫出感想。

樟腦迷迭香
Rosemary Camphor

資料履歷

拉丁學名	Rosmarinus Officinalis ct. Camphor
植物科別	脣形科 Labiatae
萃取部位	花與葉
萃取方式	蒸餾法
調　　性	中調
精油特性	止痛、消炎、抗痙攣、殺菌、促進血液循環

Aromatherapy & Body Care

使用注意事項

懷孕及高血壓者避免使用，以 2.5% 以下濃度使用為宜。

主要化學成分

氧化物、單萜烯、單萜酮、單萜醇類、倍半萜烯。

精油的功效

1. 皮膚系統：具消炎收斂之功效，並具有促進組織再生之功能，故針對油性發炎之肌膚及油性頭皮所引發之頭皮屑、掉髮等具有消炎、鎮靜及促進毛髮再生之功效。
2. 呼吸系統：可殺菌、潔淨，針對氣喘、肺炎、呼吸道感染頗具效能。

3. 泌尿／生殖系統：針對泌尿道感染，如膀胱炎、陰道炎等黴菌感染引發之疼痛具有緩解之效果。

4. 循環／肌肉系統：可促進血液循環、排水腫，針對肌肉骨骼部位所引起的疼痛也具有療效。

5. 神經系統：針對壓力所引起的頭痛、肩頸僵硬、痠痛、牙痛、神經痛等具有抒解之效能。

6. 消化系統：有利膽、養肝之功效，故針對膽固醇過高、膽結石、肝炎、肝機能不良具有平衡緩解的效能，腸胃不適、胃脹、消化不良也具有舒緩調理的功效。

單方精油心得筆記

1. 使用此種單方精油嗅吸或薰香並寫出使用心得。

2. 練習用此種單方精油調和植物油，調配 1% 濃度之臉部按摩油及 2.5% 之身體按摩油使用，並寫出感想。

8-4 倍半萜烯類分子精油

☆ **物理性質**：倍半萜烯類分子 (Sesquiterpenes) 比單萜烯類分子來得大，其精油氣味較重，顏色也較濃，揮發的速度則較慢。

☆ **藥學屬性**：可止痛、抗痙攣、抗組織胺，針對發炎、長疹、過敏之症狀具有緩解的效果，也有促進傷口癒合、平衡中樞神經系統及通經的功用。

☆ **心靈療癒**：可有效平撫受創、焦慮的情緒，提升內在心靈的平靜，讓人思慮清澈，產生安定強化的能量。

☆ **使用注意事項**：使用倍半萜烯類分子精油時要注意，某些含有 β - 甜沒藥烯類分子之精油具有通經功效，孕婦不宜使用，如：依蘭、沒藥等。

　　倍半萜烯類分子精油包含：依蘭、沒藥、薑、大西洋雪松、德國洋甘菊、羅馬洋甘菊、穗甘松、西洋蓍草、大西洋雪松、松紅梅及鬱金等，以下針對芳香療法較常用之單方精油作介紹及解說。

依蘭（香水樹）
Ylang Ylang

 資料履歷

拉丁學名	Cananga Odorata
植物科別	番荔枝科 Annonaceae
萃取部位	花朵
萃取方式	蒸餾法
調　　性	基調
精油特性	香氛甜美，具有促進及激勵交感與副交感神經之功效，而達到催情之功能，針對情緒產生之症狀也具有緩解之功效

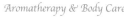

Aromatherapy & Body Care

使用注意事項

建議安全用油量為濃度 2.5%。

主要化學成分

倍半萜烯、酯類、醚類、單萜醇、倍半萜醇。

精油的功效

1. 循環系統：針對高血壓及呼吸心跳過快有緩解之功效。

2. 神經系統：可平衡焦躁不安之情緒，針對男性有提振激勵交感神經之功能，女性具有提振副交感神經之功能，而能促進腦內啡之分泌產生愉悅感。

3. 生殖系統：具有催情之功效可增進兩性關係，改善性障礙。

4. 皮膚系統：針對乾性及老化肌膚具保濕之功效，也可平衡油性肌膚與頭皮油脂之分泌。

單方精油心得筆記

1. 使用此種單方精油嗅吸或薰香並寫出使用心得。

2. 練習用此種單方精油調和植物油，調配 1% 濃度之臉部按摩油及 2.5% 之身體按摩油使用，並寫出感想。

沒藥
Myrrh

資料履歷

拉丁學名	Commiphora Myrrha
植物科別	橄欖科 Burseraceae
萃取部位	樹脂
萃取方式	蒸餾法、溶劑萃取法
調　性	基調
精油特性	具有舒緩癌症及黏膜，調節經期之不順、平衡內分泌、排毒、止痛、抗菌、緩解胃疾等功效

Aromatherapy & Body Care

使用注意事項

1. 使用濃度勿過高，建議以 1~2% 之濃度且勿長期使用。
2. 具有調經之功效、孕期不可使用。

主要化學成分

倍半萜烯、單萜烯、倍半萜醇。

精油的功效

1. 神經系統：可提振神經系統、可改善沮喪、冷漠萎靡之情緒。
2. 生殖／內分泌系統：調節經期症候群，平衡甲狀腺機能亢進。

3. 呼吸系統：針對呼吸道感染之疾病，如感冒、喉炎、支氣管炎、咳嗽、氣喘黏膜炎等，頗具療效。

4. 消化系統：消化不良、胃脹氣、胃酸、腹瀉、食慾不振等具有療效。

5. 免疫系統：可激勵製造白血球、增強免疫功能，以達抗病毒及防止傷風感冒之狀況。

6. 皮膚系統：針對發炎及油性膚質與頭皮具有消炎殺菌之功效，針對乾性、缺水性肌膚可防止敏感及搔癢之現況。

單方精油心得筆記

1. 使用此種單方精油嗅吸或薰香並寫出使用心得。

2. 練習用此種單方精油調和植物油，調配 1% 濃度之臉部按摩油及 2.5% 之身體按摩油使用，並寫出感想。

薑
Ginger

資料履歷

拉丁學名	Zingiber Officinale
植物科別	薑科 Zingiberaceae
萃取部位	根
萃取方式	蒸餾法、二氧化碳超臨界萃取法
調　性	基調
精油特性	可促循環、發汗、激勵、止痛、滋補生殖系統、消毒、抗痙攣、加強代謝

Aromatherapy & Body Care

使用注意事項

1. 濃度過高易造成敏感現象。
2. 具有些微光敏性。

主要化學成分

　　倍半萜烯、單萜烯、氧化物。

精油的功效

1. 循環系統：具有促進體內循環、改善手腳冰冷，舒緩靜脈炎及靜脈曲張。
2. 肌肉系統：具有減緩肌肉痠痛、扭傷、拉傷之功效。

3. 骨骼系統：具有舒緩關節炎、風濕、骨骼痠痛之療效。

4. 消化系統：針對腸胃引發之疼痛、不適、脹氣，可協助舒緩。

5. 神經系統：可使視覺敏銳，針對眼睛疲勞、白內障有功效，並可提振精神、舒緩神經引發之炎症及疼痛。

單方精油心得筆記

1. 使用此種單方精油嗅吸或薰香並寫出使用心得。

2. 練習用此種單方精油調和植物油，調配 1% 濃度之頭部按摩油及 2.5% 之身體按摩油使用，並寫出感想。

大西洋雪松
Cedarwood

資料履歷

拉丁學名	Cedars Atlantica
植物科別	松科 Pinaceae
萃取部位	木材、松針
萃取方式	蒸餾法
調　　性	介於中調至基調
精油特性	排水、利尿、祛痰、解咳、收斂、消炎、可激勵血液循環、平衡內分泌與中樞神經系統

使用注意事項

1. 濃度不可過高，易引起皮膚敏感，建議孕期避免使用。
2. 七歲以下之幼兒避免使用，七歲以上之兒童建議用量以 1% 之濃度為宜。

主要化學成分

　　倍半萜烯、酮類。

精油的功效

1. 循環系統：可促進血液循環與新陳代謝、帶動淋巴循環、排水、利尿。
2. 生殖／泌尿系統：生殖器官之感染、搔癢具有消炎殺菌之功效。

3. 呼吸系統：具有極佳之分解黏液及消炎、祛痰止咳之功效、針對支氣管炎、氣喘及鼻過敏具有舒緩之作用。

4. 神經系統：可平衡神經系統，進而緩解壓力所造成情緒症狀，如沮喪、不安憂慮、焦躁等現象。

5. 皮膚系統：針對油性皮膚與頭皮，具有消炎、抗菌、鎮靜及調節油脂分泌之功效，並能改善橘皮組織。

單方精油心得筆記

1. 使用此種單方精油嗅吸或薰香並寫出使用心得。

2. 練習用此種單方精油調和植物油，調配 1% 濃度之臉部按摩油及 2.5% 之身體按摩油使用，並寫出感想。

德國洋甘菊
German Chamomile

資料履歷

拉丁學名	Matricaria Recutita
植物科別	菊科 Asteraceae
萃取部位	花朵
萃取方式	蒸餾法
調　　性	中調
精油特性	具有止痛、利肝、利腎、利膽、抗發炎、治療胃疾及癒合傷口。調經、安神之療效

Aromatherapy & Body Care

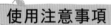
使用注意事項

建議安全用量為濃度 2.5%。

主要化學成分

倍半萜烯、倍半萜醇、氧化物、酸類。

精油的功效

1. 肌肉／骨骼系統：針對肌肉、骨骼使用過度或姿勢不正確引發之炎症、痠痛、拉傷、扭傷、僵硬等具有舒緩之功效。

2. 免疫／呼吸系統：可提振白血球之生產，增強免疫力，可減輕感冒等症狀。

3. 神經系統：具有平衡調節神經系統之功效，針對壓力所產生之情緒問題或頭痛、失眠、神經痛、牙痛、憂慮等，具有安撫療癒之功效。

4. 消化系統：具有利肝、利膽、利胃之功效。

5. 皮膚系統：具有極佳之消炎作用，故針對油性面皰及乾性肌膚所造成之敏感現象具有緩解之功效。

單方精油心得筆記

1. 使用此種單方精油嗅吸或薰香並寫出使用心得。

2. 練習用此種單方精油調和植物油，調配 1% 濃度之臉部按摩油及 2.5% 之身體按摩油使用，並寫出感想。

8-5 倍半萜醇類分子精油

☆ **物理性質**：是由 15 個碳原子和氫氧基所組成，倍半萜醇分子較大，故其揮發性也較低及慢，常用於定香，可延緩香味之揮發。相對的也會減緩肌膚的吸收速度。

☆ **藥學屬性**：可促進皮膚之癒合能力、平復內分泌系統及神經系統、加強免疫系統，利肝、膽之功能。

☆ **心靈療癒**：可和緩情緒、提振萎靡之精神，可使人整理紊亂的思緒、穩定人心、平定情緒帶來和諧的思緒。

☆ **使用注意事項**：倍半萜醇類是一安全較不具刺激性之精油，因香氛較濃，可搭配清新之柑橘或木質類稀釋使用。

倍半萜醇精油含：胡蘿蔔籽、岩蘭草、廣藿香、檀香、菩提花等。以下針對芳香療法較常用之單方精油作介紹及解說。

胡蘿蔔籽
Carrot Seed

資料履歷

拉丁學名	Daucus Carota
植物科別	繖形科 Umbelliferae
萃取部位	種籽
萃取方式	蒸餾法
調　性	中調
精油特性	精油呈淡黃色，味道略帶苦味，使用時須注意濃度，針對內分泌的調節及呼吸道感染、皮膚炎、腸胃機能具有調理的作用

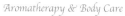

Aromatherapy & Body Care

使用注意事項

因具有通經助孕之效果，故懷孕期勿用。

主要化學成分

胡蘿蔔次醇、胡蘿蔔烯、檸檬烯。

精油的功效

1. 皮膚系統：適合乾燥、老化肌膚，針對發炎之皮膚，如濕疹、潰瘍等也具有療效。

2. 消化系統：針對胃、腸消化系統具有調理淨化之效果，故消化不良、腹瀉、脹氣等均具有舒緩之功效。

3. 循環系統：具有抗凝血功能，可增加紅血球的生成數及升高血壓之功效。

4. 生殖／泌尿系統：可調節平衡荷爾蒙，也具有良好殺菌、利尿之效果，故針對經期問題及膀胱炎等具有療效。

5. 呼吸系統：具有改善調解呼吸道黏膜組織之功效，針對感冒、咳嗽、支氣管炎、咽喉炎具有舒緩療效。

單方精油心得筆記

1. 使用此種單方精油嗅吸或薰香並寫出使用心得。

2. 練習用此種單方精油調和植物油，調配 1% 濃度之臉部按摩油及 2.5% 之身體按摩油使用，並寫出感想。

岩蘭草
Vetiver

資料履歷

拉丁學名	Vetiveria Zizanioides
植物科別	禾本科 Gramineae
萃取部位	洗淨乾燥後之根部
萃取方式	蒸餾法
調　　性	基調
精油特性	可使心情平和，具安定神經之效果，針對女性婦科及油性發炎肌膚之調理頗具效果

Aromatherapy & Body Care

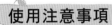
使用注意事項

無。

主要化學成分

岩蘭草醇、岩蘭草烯、岩蘭草酮。

精油的功效

1. 皮膚系統：具有極良好的抑菌、潔淨膚質之效果，故針對皮膚癬、發炎肌膚、油性面皰、粉刺因素感染的皮膚狀況，具有舒緩之療效。

2. 循環系統：可促進全身循環，並能製造增加紅血球的生成數，讓組織含氧量增加，達到淨化血液之功效。

3. 生殖／泌尿系統：針對泌尿感染、經期紊亂、更年期障礙等具有療效。

4. 肌肉系統：可調理循環系統，增強全身之循環效率，針對運動過度之肌肉痠痛或壓力引起的肩頸疼痛，具有抒解之療效。

5. 神經系統：可調理、鎮靜中樞神經系統，使人達到安神放鬆之效果。針對神經失衡及情緒問題而引發之失眠、憂鬱、躁鬱、不安等具調理舒緩之作用。

單方精油心得筆記

1. 使用此種單方精油嗅吸或薰香並寫出使用心得。

2. 練習用此種單方精油調和植物油，調配 1% 濃度之臉部按摩油及 2.5% 之身體按摩油使用，並寫出感想。

廣藿香
Patchouli

資料履歷

拉丁學名	Pogostemon Cablin
植物科別	脣形科 Labiatae
萃取部位	花與葉
萃取方式	蒸餾法
調　　性	基調
精油特性	具有消炎、抗菌、抗病毒、提振精神、改善性功能障礙之功效

Aromatherapy & Body Care

使用注意事項

敏感肌膚者先以 1% 之濃度使用，與杜松及肉桂使用時濃度以 1% 以下為宜或避免混合使用，以防皮膚敏感。

主要化學成分

廣藿香醇、癒創木烯。

精油的功效

1. 皮膚系統：具有殺菌、潔淨膚質及收斂皮膚之效果，針對皮膚炎、傷口潰爛、香港腳、油性頭皮及膚質，具有再生癒合之功效，針對產後及減重所產生之擴張紋，也具緊實之功效。

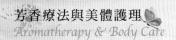

2. 循環系統：具有良好的排水、利尿功效，針對靜脈曲張、靜脈炎具有收斂之效果，也可改善橘皮組織。

3. 消化系統：針對腸胃之不適，如：絞痛、消化不良、腸炎、胃炎、脹氣等具舒緩之效果。

4. 肌肉系統：針對肌肉痠痛與疼痛及抽筋具有緩解之功效。

5. 神經／內分泌系統：可平衡神經系統，並能產生讓人情緒愉悅之費洛蒙，為一極佳的抗壓力用油，可平緩因壓力所產生的生理及心理症狀，如焦慮、不安、憂鬱等，頗具安神之功效。

單方精油心得筆記

1. 使用此種單方精油嗅吸或薰香並寫出使用心得。

2. 練習用此種單方精油調和植物油，調配 1% 濃度之臉部按摩油及 2.5% 之身體按摩油使用，並寫出感想。

檀 香
Sandalwood

資料履歷

拉丁學名	Santalum Album
植物科別	檀香科 Santalaceae
萃取部位	木心及根
萃取方式	磨粉後再蒸餾
調　　性	基調
精油特性	具有消毒殺菌、排淋巴毒、止痛、祛痰、淨化血管等功效

Aromatherapy & Body Care

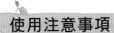
使用注意事項

無。

主要化學成分

檀香醇、檀香烯。

精油的功效

1. 皮膚系統：頗具保濕之功效，針對乾燥、龜裂、老化肌膚、缺水、乾癢之膚質，具有滋潤修護之作用，其另具收斂之特性，針對油性面皰、粉刺肌膚具收斂、鎮靜之功能。

2. 循環系統：可調解循環機能，並能疏導淋巴及靜脈，可排水利尿，並具止痛、抗痙攣之功效。

3. 肌肉／骨骼系統：針對關節炎、肌肉痠痛、疼痛、拉傷等，具有緩解之功效。

4. 神經系統：具有安神鎮定神經之效果，可使人心情平和、寧靜，可抒解因壓力而產生的失眠、頭痛、肩頸痠痛、情緒憂鬱等症狀。

5. 呼吸系統：針對呼吸道感染而引發之咽喉炎、支氣管炎、喉嚨痛、咳嗽、肺炎等，具有緩解之功效。

6. 生殖／泌尿系統：針對泌尿道感染引起的疾病，如：膀胱炎、陰道炎、淋病及性功能障礙具有功效。

單方精油心得筆記

1. 使用此種單方精油嗅吸或薰香並寫出使用心得。

2. 練習用此種單方精油調和植物油，調配 1% 濃度之臉部按摩油及 2.5% 之身體按摩油使用，並寫出感想。

菩提花
Linden Blossom

資料履歷

拉丁學名	Tilia Europaea
植物科別	田麻科 Tiliaceae
萃取部位	花朵
萃取方式	蒸餾或溶劑萃取法
調　性	基調
精油特性	清甜的花香味具有撫慰人心的功效，達到淨化心靈、擺脫煩躁情緒。對皮膚也具有保濕潤澤之作用

Aromatherapy & Body Care

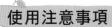
使用注意事項

特殊的香甜花香味，某些人可能較不適應。

主要化學成分

金合歡醇。

精油的功效

1. 皮膚系統：具有極佳的消炎殺菌功效，並有癒合傷口、保濕潤膚之療效，故針對油性面皰肌膚具有淨化、傷口癒合、消炎之功用。對乾性、老化、缺水肌膚，則有潤澤之療效。

2. 循環系統：可調解並淨化循環系統，達到舒緩放鬆之效果，針對高血壓、呼吸困難、排水、利尿具有療效。

3. 神經系統：可調節平衡神經系統，針對壓力所引起的症狀，如失眠、憂鬱、精神不振、煩躁、喋喋不休、創傷後壓力症候群等具有舒緩之功效。

4. 呼吸系統：具有良好的消炎、殺菌功效，故針對呼吸道感染所引發之症狀，如感冒、咽喉炎、支氣管炎、鼻塞、咳嗽頗具舒緩之療效。

5. 免疫系統：為一極佳的舒壓精油，可增強免疫系統機能，預防流行性感冒，以及過勞、精神不濟等症狀。

單方精油心得筆記

1. 使用此種單方精油嗅吸或薰香並寫出使用心得。

2. 練習用此種單方精油調和植物油，調配 1% 濃度之臉部按摩油及 2.5% 之身體按摩油使用，並寫出感想。

8-6 倍半萜酮類分子精油

☆ **物理特質**：倍半萜銅分子較單萜銅分子溫和，但仍須以短時間、低劑量作為用油方針。

☆ **藥學屬性**：可促進皮膚細胞再生，並同有祛痰、分解脂肪及抗病毒、防癌、消炎、止痛之效果。

☆ **心靈療癒**：可使人擁有正面積極的能量，勇於面對過去失敗及挫折的心境。

☆ **使用注意事項**：以低劑量、短時間使用為宜。

　　常見的倍半萜酮類精油有：紫羅蘭、印嵩、喜馬拉雅雪松。以下針對芳香療法較常用之單方精油作介紹及解說。

紫羅蘭
Violet Leaf

資料履歷

拉丁學名	Viola Odorata
植物科別	董菜科 Violaceae
萃取部位	花與葉
萃取方式	蒸餾法及溶劑萃取法
調 性	基調
精油特性	可癒合傷口、促進皮膚再生，並具鎮靜、消炎、利尿之功效

Aromatherapy & Body Care

使用注意事項

無。

主要化學成分

倍半萜酮、醛類、單萜醇、酸類。

精油的功效

1. 皮膚系統：針對油性、面皰肌膚，具有消炎、鎮靜之功效，對於發炎所引起的傷口，也有傷口癒合及促進皮膚再生的功能。

2. 呼吸系統：針對呼吸道所引起的感冒、頭痛、咽喉炎等，具有止咳化痰的功效。

3. 泌尿系統：針對尿道感染所引起的症狀具有利尿、排水、排毒疏通之功效。

4. 神經系統：因具有安撫鎮靜的功效，故針對失眠、感冒、壓力所引起的疼痛，具有疏解的功效。

5. 循環系統：具有促進血液循環的功效，並可排水利尿，故針對下半身浮腫及水腫現象，有疏通之功能。

單方精油心得筆記

1. 使用此種單方精油嗅吸或薰香並寫出使用心得。

2. 練習用此種單方精油調和植物油，調配 1% 濃度之臉部按摩油及 2.5% 之身體按摩油使用，並寫出感想。

印 嵩
Davana

資料履歷

拉丁學名	Artemisia Pallens
植物科別	菊科 Asteraceae
萃取部位	整棵
萃取方式	蒸餾法
調　性	中調
精油特性	可止痛、化解黏液、祛痰、提振精神、調理內分泌

Aromatherapy & Body Care

使用注意事項

皮膚易敏感者，使用濃度以 1% 以下為宜。

主要化學成分

倍半萜酮、單萜醇、單萜烯、倍半萜烯、醚類、酯類、酚類。

精油的功效

1. 呼吸系統：針對呼吸道感染所引起的咽喉炎、支氣管炎、氣喘、痰多等現象具有緩解的功效。

2. 消化系統：具備良好的殺菌效果，故針對腸道寄生之蛔蟲、蟯蟲之感染具有療效。

3. 生殖／內分泌系統：針對泌尿道感染及更年障礙、經痛等具有緩解的功效。

4. 神經系統：可舒緩鎮靜神經，針對壓力過大、精神緊繃、沮喪、憂鬱、焦慮等具有抒解之功效。

單方精油心得筆記

1. 使用此種單方精油嗅吸或薰香並寫出使用心得。

2. 練習用此種單方精油調和植物油，調配 1% 濃度之臉部按摩油及 2.5% 之身體按摩油使用，並寫出感想。

喜馬拉雅雪松
Cedarwood Himalayan

資料履歷

拉丁學名	Cedrus Deodara
植物科別	松科 Pinaceae
萃取部位	針葉
萃取方式	蒸餾法
調　　性	基調
精油特性	具有消炎、止痛、祛痰、止咳、排水、利尿之功效

Aromatherapy & Body Care

使用注意事項

勿與鎮定劑藥物同時使用。

主要化學成分

倍半萜酮、倍半萜烯、倍半萜醇、酯類。

精油的功效

1. 皮膚系統：具有良好的消炎與傷口癒合的功效，故針對油性、面皰感染之肌膚具有消炎、殺菌、癒合之功效。

2. 呼吸系統：具有良好的止咳化痰的功效，對一般呼吸道感染所引起的不適具有舒緩的功效。

3. 泌尿／生殖系統：有排水、利尿、殺菌及通經的效果。針對尿路感染及經期不規則具有舒緩的功效。

4. 消化系統：可抒解脹氣及分解過多的脂肪，針對腸、胃不適如炎症、胃絞痛、胃脹氣等，具有舒緩的功效。

5. 神經系統：具有良好的止痛效果，針對壓力引起的頭痛、神經痛與肌肉疼痛具有緩解的效果。

單方精油心得筆記

1. 使用此種單方精油嗅吸或薰香並寫出使用心得。

2. 練習用此種單方精油調和植物油，調配 1% 濃度之臉部按摩油及 2.5% 之身體按摩油使用，並寫出感想。

8-7 醛類分子精油

☆ **物理特質**：醛類分子的穩定度較低，容易被空氣氧化，故其必須妥善保存於陰涼處，才不會導致精油的功效減弱。

☆ **藥學屬性**：可安撫神經系統，並提振精神擴張血管、降血壓及有消炎、殺菌的功效。

☆ **心靈療癒**：具有提振精神、安定中樞神經的功效，針對挫折的心靈能給予正向能量的關懷支持。

☆ **使用注意事項**：

1. 勿使用已被氧化的醛類精油，因其已不具療效。

2. 敏感肌膚使用時濃度勿太高，以免產生刺激之現象。

　　常見的醛類精油有：檸檬尤加利、檸檬香茅、檸檬馬鞭草、山雞椒、香蜂草、小茴香。以下針對芳香療法較常用之單方精油作介紹及解說。

檸檬尤加利
Eucalyptus Citriodora

 資料履歷

拉丁學名	Eucalyptus Citriodora
植物科別	姚金孃科 Myrtaceae
萃取部位	枝、葉
萃取方式	蒸餾法
調　　性	前調
精油特性	可止咳、祛痰

Aromatherapy & Body Care

使用注意事項

1. 勿口服，以免中毒。
2. 以低濃度、短時間使用。
3. 孕婦、重病者、老年人、嬰幼兒避免使用。

主要化學成分

脂肪醛、單萜醇、單萜烯、倍半萜烯、酯類。

精油的功效

1. 皮膚系統：具有良好的殺菌、消炎效果，針對皮膚上之傷口所引起的炎症
   現象，如刀傷、破皮、膿疱及黴菌感染等具有療效。

2. 呼吸系統：具有絕佳的殺菌與分解黏液化痰的效果，故針對一般感冒症狀所引起的痰多現象及呼吸道感染所引起的炎症現象具有療效。

3. 神經系統：具有安撫平衡神經系統的功能，並可舒緩壓力所引起的間歇性頭痛。

4. 循環系統：針對循環系統能有舒緩、鎮靜的效果，並能協助高血壓者平衡血壓。

5. 免疫系統：能有效的抗病毒、抗感染、殺菌之功效，故可增強身體組織，對外來病毒的抵抗力。

6. 肌肉／骨骼系統：有消炎、止痛、抗痙攣的效果，能有效的針對肌肉疼痛、骨骼痠痛、風濕等症狀做有效的改善。

單方精油心得筆記

1. 使用此種單方精油嗅吸或薰香並寫出使用心得。

2. 練習用此種單方精油調和植物油，調配 1% 濃度之頭部按摩油及 2.5% 之身體按摩油使用，並寫出感想。

檸檬香茅
Lemongrass

拉丁學名	Cymbopogon Citratus
植物科別	禾木科 Gramineae
萃取部位	葉片
萃取方式	蒸餾法
調　　性	前調
精油特性	具有殺菌、促循環、止痛、抗痙攣的功效

Aromatherapy & Body Care

使用注意事項

　　檸檬香茅中的檸檬醛對皮膚較特殊者易引起敏感，故用油濃度以 1% 以下為為佳。

主要化學成分

　　醛類、倍半萜醛、單萜烯、單萜醇、酮類、酯類。

精油的功效

1. 皮膚系統：其良好的消炎、抗菌效果，不僅能平衡油性肌膚之油脂分泌，也可針對油脂過多而產生的炎症狀況做改善，針對皮膚炎、黴菌感染之狀況也可有舒緩之功效。

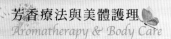

2. 神經系統：具有絕佳的止痛抗痙攣之效果及提神醒腦的功能，故針對壓力所引起的神經性頭痛，具舒緩止痛的作用。

3. 循環系統：具有良好的促進循環效果，針對身體水分的滯留頗具排水、消水腫的功效。

4. 肌肉／骨骼系統：能止痛、抗痙攣，故可針對肌肉使用過度之傷害及拉傷之情形做舒緩之功效，針對關節炎、風濕疼痛也具有消炎、止痛之抒解效果。

單方精油心得筆記

1. 使用此種單方精油嗅吸或薰香並寫出使用心得。

2. 練習用此種單方精油調和植物油，調配 1% 濃度之頭部按摩油及 2.5% 之身體按摩油使用，並寫出感想。

檸檬馬鞭草
Lemon Verbena

資料履歷

拉丁學名	Aloysia Triphylla
植物科別	馬鞭草科 Verbenaceae
萃取部位	整株
萃取方式	蒸餾法
調　　性	前調～中調
精油特性	可止痛、安撫神經、利尿

Aromatherapy & Body Care

使用注意事項

具光敏性，須注意使用後勿日曬，並須以低濃度使用。

主要化學成分

檸檬醛、單萜酮、單萜烯、單萜醇。

精油的功效

1. 消化系統：可止痛、抗痙攣、排脹氣，針對腸胃絞痛具舒緩效果，並可調節肝膽機能。
2. 循環系統：可促進體液循環代謝，加速體內廢水的排泄，並幫助消除水腫。
3. 神經系統：能有效的安撫、鎮靜中樞神經，針對焦躁、焦慮、失眠等，具有舒緩的效果。

單方精油心得筆記

1. 使用此種單方精油嗅吸或薰香並寫出使用心得。

2. 練習用此種單方精油調和植物油，調配 1% 濃度之臉部按摩油及 2.5% 之身體按摩油使用，並寫出感想。

山雞椒
Litsea Cubeba

資料履歷

拉丁學名	Litsea Cubeba
植物科別	樟科 Lauraceae
萃取部位	漿果
萃取方式	蒸餾法
調　　性	前調
精油特性	可消炎止痛及安撫中樞神經

Aromatherapy & Body Care

使用注意事項

皮膚敏感者建議以短時間及 1% 以下濃度使用。

主要化學成分

脂肪醛、單萜烯、單萜醇、酮類、氧化物。

精油的功效

1. 皮膚系統：其良好的抗菌、潔淨、消炎的效果，很適合油性、面皰肌膚，針對油性肌膚所產生的炎症現象，如油脂漏炎、青春痘、痤瘡、頭皮屑等具有消炎之功用。

2. 消化系統：針對消化系統消化不良、腸胃炎、腹絞痛，具有消炎緩解的功效。

3. 可鎮靜舒緩中樞神經系統，故針對憂慮、焦躁不安、失眠、壓力等現象具有安撫之功效。

單方精油心得筆記

1. 使用此種單方精油嗅吸或薰香並寫出使用心得。

2. 練習用此種單方精油調和植物油，調配 1% 濃度之臉部按摩油及 2.5% 之身體按摩油使用，並寫出感想。

香蜂草
Melissa

資料履歷

拉丁學名	Melissa Officinalis
植物科別	唇形科 Lamiaceae
萃取部位	葉
萃取方式	蒸餾法
調　　性	前調
精油特性	可安撫中樞神經系統、止痛、抗病毒，可抗過敏及抗組織胺

Aromatherapy & Body Care

使用注意事項

1. 具通經作用，孕婦不適合使用。
2. 以低濃度使用為佳。

主要化學成分

　　脂肪醛、單萜烯、倍半萜烯、單萜醇、酯類、酮類。

精油的功效

1. 皮膚系統：可消炎及抗組織胺所引起的皮膚出疹之過敏現象，針對濕疹、蕁麻疹及油性膚質，如青春痘、粉刺、面皰、頭皮屑等具有平衡油脂及消炎之功效。

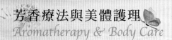

2. 消化系統：可利肝補膽，增加膽汁的分泌，針對消化不良及腸胃所引起的不適也具有舒緩的功效。

3. 泌尿／生殖系統：泌尿道引起的炎症現象，如膀胱炎、尿道炎、念珠菌感染、黴菌感染、疱疹等具有消炎、殺菌之功效。

4. 神經系統：可鎮靜舒緩安撫中樞神經系統，針對中樞神經失衡所引起的情緒問題，如失眠、頭痛、憂慮、焦躁、喋喋不休、精神不振等現象，具有抒解的效能。

5. 免疫系統：可抗組織胺，防止身體過敏及具有極強的殺菌及抗病毒功效，故可增強身體對抗病菌的免疫力。

單方精油心得筆記

1. 使用此種單方精油嗅吸或薰香並寫出使用心得。

2. 練習用此種單方精油調和植物油，調配 1% 濃度之臉部按摩油及 2.5% 之身體按摩油使用，並寫出感想。

小茴香
Cumin

資料履歷

拉丁學名	Cuminum Cyminum
植物科別	繖形科 Umbelliferae
萃取部位	種籽
萃取方式	蒸餾法
調　　性	前調～中調
精油特性	可止痛、抗痙攣、促進身體體液循環

Aromatherapy & Body Care

使用注意事項

1. 具光敏性，以 1% 左右濃度為宜，使用後勿日曬。
2. 孕婦及血壓高者避免使用。

主要化學成分

單萜烯類、單萜醇類、芳香醇類。

精油的功效

1. 消化系統：可殺菌、抗病毒及止痛抗痙攣，故針對腸、胃之疾病，如腸胃絞痛、消化不良、脹氣及便祕等具有疏通之作用。

2. 生殖／泌尿系統：針對尿道感染之症狀，如膀胱炎、尿道炎、黴菌感染等具有功效，可分泌雌激素，針對更年期障礙、月經不規則及痛經等多有助益。

3. 循環系統：具有調理腎臟機能的功效，故可促進體內循環，幫助利尿、排水腫，對於虛寒體質也可改善四肢冰冷、循環不良的效果。

4. 肌肉／骨骼系統：具有效能良好的止痛、抗痙攣功效，故針對肌肉、骨骼所引起的壓力、痠痛，如風濕、關節炎、肌肉拉傷、扭傷等有舒緩疼痛的效果。

5. 神經系統：具有極佳的止痛、抗痙攣之功效，可協助舒緩因神經系統所引起的頭痛、偏頭痛、精神不濟等問題。

單方精油心得筆記

1. 使用此種單方精油嗅吸或薰香並寫出使用心得。

2. 練習用此種單方精油調和植物油，調配 1% 濃度之臉部按摩油及 2.5% 之身體按摩油使用，並寫出感想。

8-8 酯類分子精油

☆ **物理特質**：酯類分子，大多帶有香甜的香氛，按其化學之分子結構又可分為芳香酯與萜烯酯，其所含的化學分子已被證實對於神經傳導，具有良好的影響。並具平衡、舒緩與抗痙攣的特性。

☆ **藥學屬性**：可安撫及平衡中樞神經及交感與副交感神經，並具有止痛、消炎、抗痙攣及促進傷口的癒合的功效。

☆ **心靈療癒**：能撫慰疲憊之心靈，並安撫受傷及壓力所帶來的焦慮與不安，使人提振精神，充滿正向的能量。

☆ **酯類分子使用的注意事項：**

1. 勿長期或高劑量使用，以防造成皮膚敏感。

2. 內服須經醫囑同意。

　　常見的酯類精油有：真正薰衣草、快樂鼠尾草、羅馬洋甘菊、苦橙葉、小花茉莉、摩洛哥玫瑰、豆蔻、冬青樹、安息香、銀合歡。以下針對芳香療法較常用之單方精油作介紹及解說。

真正薰衣草
Lavender True

資料履歷

拉丁學名	Lavandula Angustifolia
植物科別	脣形科 Labiatae
萃取部位	花朵
萃取方式	蒸餾法
調　　性	中調
精油特性	可消炎、止痛、抗感染、鎮靜、舒緩

Aromatherapy & Body Care

使用注意事項

　　無。

主要化學成分

　　酯類、單萜醇類、烯類、酮類。

精油的功效

1. 皮膚系統：具有良好的消炎、抗菌、癒合傷口之功效，故針對油性肌膚所引起的細菌感染、紅腫及痘疤等具有效果。另外對於曬傷、灼傷、燙傷等也頗具消炎鎮靜之效用。

2. 泌尿／生殖系統：具消炎、殺菌、止痛及滋補子宮的功能，故可針對泌尿道感染及子宮病症如經痛、經期不規則、分泌物過多等具有舒緩的功效。

3. 肌肉／骨骼系統：可止痛、抗痙攣，故對於肌肉痠痛、腰部痠痛、肌肉運動拉傷、扭傷、風濕、關節炎等具有抒解的效果。

4. 循環系統：具有安撫、鎮靜、安神的效果，可降低高漲的血壓，針對靜脈曲張也頗具鎮靜舒緩的功效。

5. 神經系統：具有效果極佳的舒緩安撫作用，可平衡調節中樞神經系統，並能針對神經系統失衡所引起的神經性失眠、頭痛、偏頭痛、憂鬱、焦躁不安、躁鬱等症狀做有效的抒解。

單方精油心得筆記

1. 使用此種單方精油嗅吸或薰香並寫出使用心得。

2. 練習用此種單方精油調和植物油，調配 1% 濃度之臉部按摩油及 2.5% 之身體按摩油使用，並寫出感想。

快樂鼠尾草
Clary Sage

 資料履歷

拉丁學名	Salvia Sclarea
植物科別	脣形科 Labiatae
萃取部位	花及葉
萃取方式	蒸餾法
調　　性	中調
精油特性	能產生類似雌激素之分子，具有滋補卵巢與子宮的機能，可催情、通經及改善婦科症狀，並具有平衡中樞神經系統及止痛、抗痙攣之效果

Aromatherapy & Body Care

使用注意事項

孕婦不可使用，以免引產；低血壓者避免使用。

主要化學成分

酯類、單萜醇類、烯類。

精油的功效

1. 皮膚系統：針對油性膚質之平衡（面皰、粉刺、皮膚炎）及頭皮屑具有消炎、殺菌之功效。

2. 泌尿／生殖系統：具有類雌激素之效果，可舒緩及調理月經不順、更年期障礙，並可通經及催情，針對泌尿道感染、分泌物過多也具有調理的作用。

3. 肌肉／骨骼系統：可抗痙攣、止痛、舒緩因壓力或運動過度所引起的肌肉痠痛、疼痛、拉傷、扭傷及關節疼痛等症狀。

4. 神經系統：能使精神放鬆，可平衡中樞神經及交感與副交感神經，故針對神經系統失衡所引起的憂鬱、焦慮、煩躁不安、喋喋不休、失眠、頭痛、偏頭痛等症狀，頗具舒緩的功效。

5. 消化系統：針對消化不良、脹氣、腸胃絞痛、便祕，具有抒解的功效。

單方精油心得筆記

1. 使用此種單方精油嗅吸或薰香並寫出使用心得。

2. 練習用此種單方精油調和植物油，調配 1% 濃度之臉部按摩油及 2.5% 之身體按摩油使用，並寫出感想。

羅馬洋甘菊
Chamomile Roman

資料履歷

拉丁學名	Anthemis Nobilis
植物科別	菊科 Compositae
萃取部位	花朵
萃取方式	蒸餾法
調　　性	中調
精油特性	具有溫和的消炎、止痛功能，可舒張血管、降血壓

使用注意事項

具有溫和的通經效果，懷孕初期避免使用。

主要化學成分

酯類、烯類、酚類、酮類。

精油的功效

1. 皮膚系統：有消炎、鎮定、安撫與癒合傷口的功效，故針對曬傷、燙傷、灼傷及油性面皰肌膚所引起的發炎現象具消炎、安撫之功效。

2. 肌肉／骨骼系統：其消炎、止痛之功能能針對肌肉發炎、關節炎、腰背痠痛等做有效的舒緩作用。

3. 循環系統：具有促進體內體液循環的功效，並具有舒張血管、降血壓的功能。

4. 神經系統：具有極佳的安撫鎮靜之效果，可安撫中樞神經，針對壓力所引起的焦慮、不安、神經緊繃、頭痛等具有抒解的功效。

5. 生殖系統：具有溫和的通經作用，針對內分泌失衡所引起的婦科症狀，如經痛、更年期之熱潮紅、盜汗、失眠、情緒不穩等具有舒緩的功效。

6. 免疫系統：可激勵白血球的生產量，進而增加體內之免疫系統機能，減少流行性疾病的感染。

單方精油心得筆記

1. 使用此種單方精油嗅吸或薰香並寫出使用心得。

2. 練習用此種單方精油調和植物油，調配 1% 濃度之臉部按摩油及 2.5% 之身體按摩油使用，並寫出感想。

苦橙葉
Petitgrain

資料履歷

拉丁學名	Citrus Aurantium Amara
植物科別	芸香科 Rutaceae
萃取部位	葉子
萃取方式	蒸餾法
調　　性	前調
精油特性	可舒壓、安撫緊張的情緒，也可消炎、平衡油性膚質

Aromatherapy & Body Care

使用注意事項

　　具光敏性，使用後勿日曬。

主要化學成分

　　酯類、單萜醇、單萜烯。

精油的功效

1. 皮膚系統：具有良好的消炎、殺菌效果，可平衡油脂分泌過多及發炎之肌膚，針對老化、皺紋肌膚，也具有抗氧化的作用。但若塗抹於臉部及身體後勿日曬，以防曬黑。

2. 肌肉／骨骼系統：具有消炎、止痛、抗痙攣的效果，針對肌肉痠痛及關節炎等，具有舒緩的功效。

3. 神經系統：針對中樞神經系統具有安撫鎮靜的功能，可舒緩焦躁不安、壓力引起的頭痛、憂鬱等情緒。

單方精油心得筆記

1. 使用此種單方精油嗅吸或薰香並寫出使用心得。

2. 練習用此種單方精油調和植物油，調配 1% 濃度之臉部按摩油及 2.5% 之身體按摩油使用，並寫出感想。

小花茉莉
Jasmine Sambac

資料履歷

拉丁學名	Jasminum Sambac
植物科別	木樨科 Oleaceae
萃取部位	花朵
萃取方式	溶劑萃取法或蒸餾法
調　性	基調
精油特性	可滋補卵巢及子宮，針對婦科或生殖器所引起的症狀有所幫助

Aromatherapy & Body Care

使用注意事項

無。

主要化學成分

酯類、單萜醇類、倍半萜酮類。

精油的功效

1. 皮膚系統：具有促進細胞再生、傷口癒合的功效，故針對皮膚創傷、發炎等具有效果。其也具美白保濕之功效，對老化、皺紋、乾燥肌膚等具有回春之效能。

2. 生殖系統：針對生殖系統具有滋補潤澤的功效，故可改善兩性生殖機能障礙。

3. 神經系統：為一絕佳的舒緩精油，使用後會讓人充滿幸福愉悅感，可安撫受創及失衡的情緒及壓力所引起的神經性頭痛及身體痠痛。

單方精油心得筆記

1. 使用此種單方精油嗅吸或薰香並寫出使用心得。

2. 練習用此種單方精油調和植物油，調配 1% 濃度之臉部按摩油及 2.5% 之身體按摩油使用，並寫出感想。

摩洛哥玫瑰
Rose Maroc

資料履歷

拉丁學名	Rosa Centifolia
植物科別	薔薇科 Rosaceae
萃取部位	花朵
萃取方式	蒸餾法
調　　性	基調
精油特性	為絕佳的婦科調理精油，針對情緒的放鬆、安撫也具有功效

Aromatherapy & Body Care

使用注意事項

因具和緩的通經效果，懷孕初、後期避免使用。

主要化學成分

酯類、醇類、酚類。

精油的功效

1. 皮膚系統：具有回春、美白、保濕、促進細胞活化、傷口癒合的功效，故針對乾性、老化、皺紋、疤痕肌膚頗具功效。

2. 內分泌系統：可調理內分泌失衡所引起的經期不順、青春期、經期症候群、更年期障礙等症狀。

3. 泌尿／生殖系統：可滋補子宮、卵巢及生殖系統，並可改善性功能障礙及生殖、泌尿系統之病症，如子宮肌瘤、泌尿道感染等。

4. 神經系統：可調理失衡的中樞神經、平衡交感及副交感神經，並可針對壓力及更年期障礙所引發的憂鬱、焦躁、不安等情緒問題做改善。

單方精油心得筆記

1. 使用此種單方精油嗅吸或薰香並寫出使用心得。

2. 練習用此種單方精油調和植物油，調配 1% 濃度之臉部按摩油及 2.5% 之身體按摩油使用，並寫出感想。

8-9 醚類分子精油

☆ **物理特質**：醚類分子，在精油中較為少見，其分子很穩定，可耐光、耐熱，其作用強勁，有極佳的止痛效果，但濃度不可過高。

☆ **藥學屬性**：有效果顯著的止痛、抗痙攣及消炎之效果，並可平衡神經系統、穩定情緒，因具有局部麻醉的效果，故劑量使用不可過高。

☆ **心靈療癒**：可使人有面對困頓的勇氣，讓人能提升洞察事理的智慧。

☆ **使用注意事項**：

1. 醚類分子有局部麻醉之作用，必須低劑量使用，若高濃度使用，會使人產生動作遲緩呆滯之現象。

2. 長期使用也會產生神經毒性及肝毒。

3. 孕婦及幼兒、老人、重病者勿用。

4. 避免長期使用及高劑量使用。

　　常見的醚類精油有：神聖羅勒、肉豆蔻、龍艾、歐芹、茴香、甜茴香、大茴香。以下針對芳香療法較常用之單方精油作介紹及解說。

神聖羅勒
Holy Basil

資料履歷

拉丁學名	Ocimum Sanctum
植物科別	脣形科 Laminaceae
萃取部位	花與葉
萃取方式	蒸餾法
調　　性	前調
精油特性	為一良好的止痛、抗菌精油，可激勵腎上腺皮質之分泌及類雌激素效果

Aromatherapy & Body Care

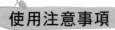
使用注意事項

1. 皮膚易過敏者，以低劑量使用。

2. 懷孕期間避用。

3. 濃度過高易引起遲緩。

主要化學成分

醚類、醇類、酚類。

精油的功效

1. 皮膚系統：有良好的消炎殺菌作用，針對面皰、脂漏性皮膚炎、痤瘡、油性禿及頭皮屑有良好的功效。

2. 消化系統：具有利胃補膽之功效，針對消化系統之症狀，如脹氣、腸胃絞痛、腸胃炎及蛔蟲、蟯蟲、便祕等具有消炎、殺菌、止痛、促循環的功效。

3. 呼吸系統：其良好的消炎、止痛效果，針對呼吸道感染所引起的咽喉炎、支氣管炎、咳嗽、鼻子過敏等具有舒緩的效果。

4. 神經系統：可平衡中樞神經系統及提振腎上腺皮質之分泌，以促使精神集中，並可安撫焦慮不安、情緒低落、壓力性挫折、頭痛、肌肉僵硬等狀況。

5. 泌尿／生殖系統：具有效果極好的消炎、殺菌功能，對於尿道感染所引起的膀胱炎、黴菌感染症狀具有緩解的功效。其另有類雌激素分子，可通經及強化性功能。

6. 肌肉／骨骼系統：具絕佳之止痛、抗痙攣效果，針對肌肉、骨骼所引起的疼痛，具有緩解之療效。

單方精油心得筆記

1. 使用此種單方精油嗅吸或薰香並寫出使用心得。

肉豆蔻
Nutmeg

資料履歷

拉丁學名	Myristica Fragrans
植物科別	薑科 Zingiberaceae
萃取部位	種籽
萃取方式	蒸餾法
調　　性	前調
精油特性	有極佳的分解黏膜、祛痰之功效，並具止痛抗痙攣之效果

Aromatherapy & Body Care

使用注意事項

1. 懷孕期間慎用，並避免內服。
2. 高濃度、長期使用會使人有呆滯及動作遲緩之現象。

主要化學成分

醚類、單萜烯類。

精油的功效

1. 神經系統：可滋補神經系統，助眠及安撫因壓力或挫折所產生的疲倦、萎靡的精神，讓人提振活力、勇往直前。

2. 肌肉／骨骼系統：可治療風濕及關節炎，抒解肌肉痠痛、骨骼疼痛。

3. 循環系統：具有良好的排水利尿及行血之功能，可改善四肢冰冷及水腫問題。

4. 生殖系統：可滋補子宮之機能，有效抒解經期症候群及性功能失衡。

5. 消化系統：可促進腸胃蠕動，減輕脹氣、便祕，並助消化。其止痛、抗痙攣的效果，對於腹絞痛及胃痛等也有助益。

6. 呼吸系統：具有化解黏液、止咳、化痰、消炎、抗痙攣之功效，針對腸胃型所引起的感冒症狀，如咳嗽、呼吸道感染、氣喘等有抒解的功效。

單方精油心得筆記

1. 使用此種單方精油嗅吸或薰香並寫出使用心得。

2. 練習用此種單方精油調和植物油，調配 1% 濃度之臉部按摩油及 2.5% 之身體按摩油使用，並寫出感想。

龍艾
Tarragon

資料履歷

拉丁學名	Artemisia Dracunculus
植物科別	菊科 Compositae
萃取部位	葉片
萃取方式	蒸餾法
調　　性	前調
精油特性	可消炎、止痛、抗痙攣、殺菌、降血壓

Aromatherapy & Body Care

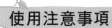
使用注意事項

懷孕期間避免使用。

主要化學成分

醚類、單萜烯類。

精油的功效

1. 神經系統：可止痛抗痙攣及提神醒腦，故針對神經性頭痛、偏頭痛、倦怠及注意力集中具有效用。

2. 骨骼／肌肉系統：對於肌肉扭傷、拉傷、使用過度等現象，具有舒緩的功效，針對風濕、關節炎等也有止痛、抗痙攣的作用。

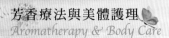

3. 循環系統：可促進體內之血液及體液循環，可排水腫，針對高血壓患者有降血壓之功效。

4. 消化系統：可促進腸胃蠕動及針對腸、胃炎、便祕、蛔蟲、腸胃絞痛、腹脹、腸激症等具有調解舒緩之功效。

5. 泌尿／生殖系統：具消炎、抗菌之效果，能有效抒解生殖泌尿道感染。其另有通經之效果，故針對經期不規則、經期症候群及痛經等也具有舒緩之功效。

單方精油心得筆記

1. 使用此種單方精油嗅吸或薰香並寫出使用心得。

2. 練習用此種單方精油調和植物油，調配 1% 濃度之臉部按摩油及 2.5% 之身體按摩油使用，並寫出感想。

8-10 氧化物分子精油

☆ **物理特質**：氧化物之化學分子十分穩定，分子氣味也較濃烈，其具有良好絕佳的消炎、抗菌、祛痰、止咳之功效。

☆ **藥學屬性**：可抗病毒、分解黏膜、抗風濕、提振精神、止痛、抗痙攣，並可增加免疫系統的功能。

☆ **心靈療癒**：可使人澄清思慮、提神醒腦、幫助精神集中，能有邏輯的思考，勇於面對困難。

☆ **使用注意事項**：

1. 具有潛在的神經毒，勿使用過量及長期使用，以免對體內造成影響。

2. 高劑量使用可能會使四肢反應遲緩。

3. 氣喘者及呼吸道過敏者慎用，可能會刺激呼吸道而引發敏感及氣喘。

　　常見的氧化物精油有：羅文莎葉、月桂、綠花白千層、穗花狀薰衣草、香桃木、藍膠尤加利、桉油醇迷迭香，以下針對芳香療法較常用之單方精油作介紹及解說。

羅文莎葉
Ravintsara

資料履歷

拉丁學名	Ravensara Aromatica
植物科別	樟科 Lauraceae
萃取部位	葉片、果實
萃取方式	蒸餾法
調　　性	前調
精油特性	調理神經系統及呼吸系統的消炎、殺菌之效果

Aromatherapy & Body Care

使用注意事項

無。

主要化學成分

氧化物、烯類、醇類。

精油的功效

1. 皮膚系統：具有良好的消炎、殺菌效果，可有效的調理油性、面皰肌膚及皮膚炎症現象，故針對皮膚炎、濕疹、皮膚癬、脂漏性皮膚炎、青春痘、油性頭皮、頭皮屑過多等現象，具有調理之效能。

2. 神經系統：針對精神緊繃、壓力性焦慮、失眠、憂鬱、焦躁、神經性頭痛等神經系統失衡的狀況，具有良好的平衡調理功效。

3. 呼吸系統：其有良好的消炎、殺菌、抗病毒之效果，針對呼吸道感染之咽喉炎、感冒、咳嗽、痰多、氣喘、支氣管炎、肺炎等具有調理舒緩之效能，使人體增強免疫力。

4. 泌尿／生殖系統：消炎、清潔、殺菌、抗病毒之效能，針對尿道炎、膀胱炎、陰道炎、念珠菌、黴菌等感染具有消炎殺菌之功效。

單方精油心得筆記

1. 使用此種單方精油嗅吸或薰香並寫出使用心得。

2. 練習用此種單方精油調和植物油，調配 1% 濃度之臉部按摩油及 2.5% 之身體按摩油使用，並寫出感想。

月桂
Bay Laurel

資料履歷

拉丁學名	Laurus Nobilis
植物科別	樟科 Lauraceae
萃取部位	葉子
萃取方式	蒸餾法
調　性	前調
精油特性	具有絕佳的殺菌、消炎、止痛、抗痙攣、平衡神經系統及促進血液循環之效果

Aromatherapy & Body Care

使用注意事項

1. 濃度不可過高，短期使用。
2. 具通經效果，孕婦勿使用。
3. 易引起皮膚過敏。

主要化學成分

　　氧化物、單萜烯、單萜醇、醇類、醚類。

精油的功效

1. 呼吸系統：有消炎、殺菌、抗病毒之功效，針對呼吸道感染、鼻炎、咽喉炎、支氣管炎、黏液痰多、咳嗽、肺炎等現象具有舒緩之效能。

2. 肌肉／骨骼系統：具有消炎、止痛、抗痙攣之效，針對肌肉拉傷、扭傷、肌肉緊繃、痠痛、關節炎等具舒緩調理之效能。

3. 消化系統：可利肝補膽，增進膽汁之分泌，故可調理腸胃機能，針對脹氣、便祕、消化不良、無食慾、腸胃炎等具有調理舒緩之效能。

4. 泌尿／生殖系統：具有良好的消炎殺菌之效果，也可通經，故針對尿道感染引起之炎症及月經不規則、經血量少等具有調理平衡的功效。

5. 免疫系統：有極佳的殺菌、清潔、抗病毒之功效及可平衡神經系統、增強免疫系統之機能。

單方精油心得筆記

1. 使用此種單方精油嗅吸或薰香並寫出使用心得。

綠花白千層
Niaouli

資料履歷

拉丁學名	Melaleuca Quinquenervia
植物科別	姚金孃科 Myrtaceae
萃取部位	葉子、嫩枝
萃取方式	蒸餾法
調　　性	前調
精油特性	可袪痰、止咳、消炎、殺菌、癒合傷口

Aromatherapy & Body Care

使用注意事項

因具有類雌激素，孕婦應避免使用。

主要化學成分

氧化物、單萜烯類、醇類。

精油的功效

1. 皮膚系統：具有良好的傷口癒合、抗菌、消炎之效果，可改善放射線治療所引起的燒傷或潰瘍，對於皮膚炎、油性、面皰、脂漏性皮膚炎、瘡傷等亦有明顯療效。

2. 呼吸系統：有止咳、化痰之功效，針對呼吸道感染，如感冒、鼻塞、喉炎、支氣管炎、氣喘、鼻竇炎、咳嗽、肺炎等具有效益。

3. 循環系統：具有溫和的促循環效果，針對靜脈炎、高血壓、靜脈曲張、瘀青、挫傷、痔瘡等具有舒緩的功效。

4. 泌尿／生殖系統：具有溫和的消炎殺菌效果及類雌激素，可針對泌尿道感染之問題，如尿道炎、疱疹、黴菌、念珠菌、經期不規則、經痛、分泌物過多等現象有所助益。

5. 免疫系統：具溫和殺菌及促進體內循環的效果，故可加速體內毒素排出體外之功效，臨床上也證實具有減緩癌細胞擴散的效果，可加強體內免疫系統的功能。

單方精油心得筆記

1. 使用此種單方精油嗅吸或薰香並寫出使用心得。

2. 練習用此種單方精油調和植物油，調配 1% 濃度之臉部按摩油及 2.5% 之身體按摩油使用，並寫出感想。

穗花狀薰衣草
Spike Lavender

資料履歷

拉丁學名	Lavandula latifolia
植物科別	脣形科 Labiatae
萃取部位	花朵
萃取方式	蒸餾法
調　　性	前調～中調
精油特性	具有抗病毒、抗菌、消炎及傷口癒合的功效，能安撫神經系統

Aromatherapy & Body Care

使用注意事項

　　因含有酮類分子，故味道和作用較真正薰衣草、醒目薰衣草來得強勁，使用時濃度勿過高。

主要化學成分

　　氧化物、單萜醇類、單萜酮類、烯類。

精油的功效

1. 皮膚系統：具有效果良好的消炎、殺菌及傷口癒合之功用，故針對青春痘、面皰、皮膚炎、蚊蟲叮咬、濕疹、口部疱疹、燒燙傷、刀傷、灼傷等具有舒緩的功效。

2. 神經系統：針對神經系統具有提振激勵之功效，對注意力不集中、精神萎靡不振、身體勞累疲乏、用腦過度等具有效能。

3. 呼吸系統：有消炎、殺菌、抗病毒的功效，針對感冒、呼吸道感染、黏膜炎等具有良好之助益。

單方精油心得筆記

1. 使用此種單方精油嗅吸或薰香並寫出使用心得。

2. 練習用此種單方精油調和植物油，調配 1% 濃度之臉部按摩油及 2.5% 之身體按摩油使用，並寫出感想。

香桃木
Myrtle

Aromatherapy & Body Care

資料履歷

拉丁學名	Myrtus Communis
植物科別	姚金孃科 Myrtaceae
萃取部位	樹枝及葉
萃取方式	蒸餾法
調　性	中調
精油特性	有良好的消炎、殺菌、收斂、平衡中樞神經系統之效果

使用注意事項

無。

主要化學成分

氧化物、酯類、單萜醇類。

精油的功效

1. 皮膚系統：具有良好的消炎、殺菌效果，針對油性、面皰、青春痘、發炎的皮膚或傷口，具有消炎、清潔及油脂平衡的功效。

2. 呼吸系統：針對呼吸道感染之感冒、咳嗽、痰多、支氣管炎及咽喉炎等具有消炎、抗病毒及收斂之助益。

3. 神經系統：具有平衡中樞神經系統及交感神經與副交感神經之效果，針對冥想、禪思等之心靈療癒具有效益，故可抒解情緒失衡、憂鬱、焦躁不安、情緒低落及失眠等症狀。

4. 泌尿／生殖系統：針對泌尿、生殖系統之感染及分泌物過多有極佳的殺菌功能。如：尿道炎、膀胱炎、白帶過多、黴菌感染等病症。

5. 消化系統：具有利肝補膽之功效，故能調理消化系統。針對腸胃炎、腹脹氣、便祕、腹絞痛等具有舒緩之功效。

單方精油心得筆記

1. 使用此種單方精油嗅吸或薰香並寫出使用心得。

2. 練習用此種單方精油調和植物油，調配 1% 濃度之臉部按摩油及 2.5% 之身體按摩油使用，並寫出感想。

8-11 內酯類分子精油

☆ **物理特質**：內酯類分子，因其分子較大，蒸餾法不易萃取，精油量較少，故也會採取溶劑萃取法。

☆ **藥學屬性**：與酮類之藥理屬性相近，具有促循環、袪痰、解黏液、殺菌、清潔、抗病毒之功效。

☆ **心靈療癒**：可使封鎖的心靈得到解放，讓人全然解壓釋放，有如沐春風之感受。

☆ **使用注意事項**：

1. 內酯類具有潛在之神經毒，故使用時濃度勿過高及過量，而對身體造成影響。

2. 敏感性肌膚使用時濃度勿過高，以免引起皮膚敏感。

常見的內酯類精油有：土木香、零陵香豆。以下針對芳香療法較常用之單方精油作介紹及解說。

土木香
Elecampane

資料履歷

拉丁學名	Inula helenium Inula Graveolens
植物科別	菊科 Compositae
萃取部位	根與花
萃取方式	蒸餾法
調　　性	前調～中調
精油特性	消炎、止痛、抗痙攣、祛黏液

Aromatherapy & Body Care

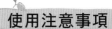
使用注意事項

易引起皮膚敏感，孕婦、幼兒、老年人避免使用。

主要化學成分

內酯類、酯類、烯類、單萜醇類。

精油的功效

1. 呼吸系統：有良好的消炎、殺菌、化解黏液的效果，故針對感冒、鼻炎、鼻塞、咽喉炎、支氣管炎、咳嗽等呼吸道感染症狀具有緩解的功效。

2. 循環系統：針對心悸、喘不過氣之現象，具有抒解的功效，也適用於血壓過高者。

3. 神經系統：可緩解壓力所造成的神經痛、偏頭痛等症狀。

單方精油心得筆記

1. 使用此種單方精油嗅吸或薰香並寫出使用心得。

2. 練習用此種單方精油調和植物油，調配 1% 濃度之臉部按摩油及 2.5% 之身體按摩油使用，並寫出感想。

零陵香豆
Tonka Beans

資料履歷

拉丁學名	Dipteryx Odorata
植物科別	豆科 Fabaceae
萃取部位	種籽
萃取方式	溶劑萃取法
調　　性	基調
精油特性	具有效果良好的止痛、抗痙攣之功效

Aromatherapy & Body Care

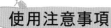

使用注意事項

勿高濃度及高劑量長期使用。

主要化學成分

內酯類。

精油的功效

1. 循環系統：可以促進身體的血液循環淨化，改善四肢冰冷及末稍循環問題。

2. 生殖系統：可提振性功能，針對性功能障礙、性冷感等具有助益；具止痛、抗痙攣的功效，對痛經及經血有血塊者亦有改善。

3. 肌肉／骨骼系統：針對肌肉緊繃、壓力性之肌肉痠痛、拉傷、關節炎等症狀，具有緩解之功效。

4. 神經系統：可舒緩神經系統，其止痛、抗痙攣的功能，可針對失眠症、壓力性之頭痛、神經痛、牙痛等具有緩解的功效。

5. 消化系統：其止痛、抗痙攣的功效，可針對腹絞痛、胃痛、消化不良等具有功效。

單方精油心得筆記

1. 使用此種單方精油嗅吸或薰香並寫出使用心得。

2. 練習用此種單方精油調和植物油，調配 1% 濃度之臉部按摩油及 2.5% 之身體按摩油使用，並寫出感想。

課後討論

1. 請寫出單萜醇類精油之特性，並列舉出代表精油。

2. 請寫出單萜烯類精油之特性，並列舉出代表精油。

3. 請寫出單萜酮類精油之特性，並列舉出代表精油。

4. 請寫出酯類精油之特性，並列舉出代表精油。

5. 請寫出醛類精油之特性，並列舉出代表精油。

6. 請寫出氧化物類精油之特性，並列舉出代表精油。

7. 有一個案，有運動肌肉拉傷之症狀，請為其調配適合用油。

8. 有一個案，有水腫、循環不良之症狀，請為其調配適合用油。

9. 有一個案，有情緒憂鬱寡歡之症狀，請為其調配適合用油。

10. 有一個案，有感冒咳嗽之症狀，請為其調配適合用油。

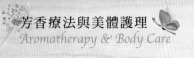

CHAPTER

09

純 露

Aromatherapy
&
Body Care

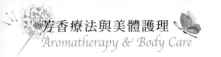

9-1 純露的由來

　　在第二章植物的精油之萃取方式中有介紹蒸餾法，在蒸餾芳香植物時因使用蒸氣或水加熱後再經由冷卻作用後而使萃取出的精油與水的混合物因為比重的不同而分餾出上層的植物精油與下層的植物水，而下層的植物水也就是純露。

　　坊間也有將純露稱之為花水，但這兩者是截然不同的，運用芳香植物的根、莖、葉、花朵、果實或整株蒸餾後所產生的液體稱為純露，而只有用花朵類植物與水去蒸餾後留下的液體才稱之為花水，如玫瑰花水或薰衣草花水。也可稱為玫瑰純露或薰衣草純露，所以可稱為花水的是指花朵類植物蒸餾後所留下的液體。

　　水是大自然賜給天地萬物的恩賜，也是潤澤萬物的甘露，而植物在生長過程中吸收天地日月的精華而產生了能量，而這些能量與水結合，經由儀器的淬鍊而使得與植物融合的水充分的吸收植物的精華而保有植物的能量、作用並保留其香氛，所以純露並不只是植物蒸餾後所產的精油及副產品，純露的低濃度特性比精油更容易被人體和皮膚吸收，因其特性及含有被萃取植物的芳香故也常被用於保養品及香氛品的調製。

9-2 認識純露—常見的純露介紹

在瞭解純露的由來後，以下介紹幾種較常見的純露。

一、杜松純露

常言「松柏長青」，松柏類植物常被譽為是陽光正向、長壽之意涵，故也常被運用於淨化氣場與淨化空氣。而杜松純露除有上述之優點外，更具備針對循環及泌尿系統有排水利尿及促進協調之作用，若能與香料類純露協同使用效果更為顯著。杜松純露若與其他木質類純露混合使用可對神經系統所產生的壓力性疼痛具有緩解之效能，與樹脂類純露混合使用可舒緩呼吸道症狀，用於皮膚上則有保濕與預防發炎現象。

二、絲柏純露

絲柏純露對於淋巴系統及泌尿系統與呼吸道系統有很棒的促循環作用,若是因身體有水腫現象,在 500ml 水中加入 10ml 左右的絲柏純露飲用,可促進淋巴循環協助排水利尿。若是呼吸道問題則可加上尤加利純露或乳香及安息香純露可以舒緩呼吸道問題。

絲柏純露也很適用於油性及面皰皮膚,可以改善過多油脂的分泌及避免因細菌感染的發炎現象。

三、洋甘菊純露

洋甘菊純露是非常棒且溫和的消炎鎮靜舒緩花水,味道清雅芳香,針對神經系統及內分泌系統與傷口的癒合在實證上均有一定的效能。洋甘菊純露加上橙花或玫瑰與薰衣草純露飲用針對內分泌系統有舒緩及安神之功效。在皮膚上針對受傷的傷口或痘疤的傷口也有舒緩發炎現象及協助傷口的癒合。也因洋甘

菊純露屬於較溫和的純露,所以也常用於敏感肌膚或年長及較年幼之膚質上,使用於保濕與抗敏感上。

四、茉莉純露

茉莉又稱為花中之王,其芬芳高雅清香的迷人香氣餘香圍繞,因萃取率低,故市面上也有仿茉莉香精用於精油與純露中。而百分之百的茉莉純露針對內分泌系統及生殖系統有非常棒的效能,如 5ml 的茉莉純露加 5ml 的玫瑰純露加於 500ml 的水中飲用,可以舒緩婦科如更年期所引起的情緒性睡眠障礙。

五、薰衣草純露

薰衣草精油是大眾非常喜愛的精油之一，用途非常的廣泛，筆者因常使用此款精油於日常生活中，所以常稱它為百用薰衣草。而薰衣草純露也因其非常溫和，故適用於任何肌膚，尤其以油性肌膚與乾燥敏感肌膚更是合適。若與洋甘菊純露混合協同使用，可以舒緩油性與乾性敏感肌膚的不適感。與玫瑰、茉莉、依蘭等純露協同使用，對於內分泌系統與生殖系統也有保健之功效。與橙花純露混合協同使用可以舒緩神經系統所產生的壓力。

六、橙花純露

橙花純露味道清雅內斂，是一款兼具舒緩放鬆及能安撫神經系統的芬芳花水，其與甜橙純露及薰衣草純露混合協同使用，針對情緒及失眠障礙具有安神舒緩之作用，用於肌膚上則有美白與保濕之功效，是一款能安撫神經系統很棒的花水。

七、玫瑰純露

如果說茉莉是花中之王，那玫瑰是花中之后當之無愧。精油被稱為液體的黃金，那是因為萃取的不易，如 1360 公斤玫瑰花才能萃取出 1 公斤左右之玫瑰精油，相對的，若與精油相比，玫瑰純露之價位就更顯得平易近人了。

　　玫瑰純露之香氛優雅迷人，非常適合女性使用，若添加快樂鼠尾草，可以舒緩婦科如更年期或青春期的不適狀況。玫瑰純露也常適用於內分泌系統、生殖泌尿系統與神經系統之舒緩功效。玫瑰純露針對皮膚之乾燥、缺水、美白、防發炎方面，實證上也有良好的效能。

八、尤加利純露

　　當我們有呼吸道症狀時，最先想到的油一定是尤加利精油，舉凡因呼吸道感染的如：感冒、鼻炎、咳嗽、痰、鼻塞等症狀均可達到舒緩的效果，若能混合協同木質類或樹脂類純露使用效果更溫和有效。不同品種的尤加利純露常有不同之功能，薄荷尤加利純露因具神經毒需稀釋使用，故較不建議單獨使用，若要單獨使用，建議選擇較溫和的澳洲尤加利，或建議與其他較溫和的純露協同使用。

九、薄荷純露

　　薄荷氣味清新能讓使用的人擁有舒暢感，薄荷是一種易栽植的植物，因此也普遍的被運用於日常生活中，更是遠古至今人們最常使用的植物之一。

　　薄荷有極佳的提神及集中注意力的效果，是針對神經系統的鎮撫功效非常好的配方。薄荷純露的使用對於消化系統的舒暢消化在實證上也頗具效能，薄荷純露除了可用於提振精神和消化功能外，也是一款具有抑菌功能的純露，與迷迭香或香茅純露協同使用可防蚊蟲，若與柑橘類純露如佛手柑和檸檬混合協同使用，可改善口中氣味，促使口氣清新。

十、茶樹純露

茶樹純露有非常好的抑菌力，茶樹純露若與薄荷純露可協同使用於口腔保健，若與花朵類純露混合協同可使用於私密處的防護。因其擁有良好的抑菌力，故若與薰衣草純露協同使用可針對油性面皰肌膚之保濕與防止發炎症狀現象的產生，與香料類精油或純露協同使用可以作用於防蚊蟲，與薑精油協同使用於腳部的護理如泡腳或局部塗抹，也可減少腳部異味產生和預防黴菌感染。

十一、檀香純露

檀香是一種非常珍貴的植物，不僅針對神經系統有鎮靜安撫、安神的效果，針對呼吸道症狀和皮膚系統保濕的功效也非常好。

檀香純露也可用於淨化磁場，其香氛具有穩定情緒的功能，香味中帶有神祕濃厚的木質香，故也常被添加於東方調的香水中。檀香純露與花朵類純露協同使用針對內分泌系統與生殖系統具有促進之作用。與其他木質類或樹脂類純露混合協同使用，針對神經系統、呼吸道統及皮膚系統具有安神、改善呼吸症候群及保濕的功能。與香料類純露協同使用也可舒緩神經系統疼痛的狀況及保健內分泌與生殖系統的運作。

9-3 純露的品質判定與保存方式

一、純露的品質判定

在本書第二章有介紹芳香精油萃取方式的蒸餾法，在使用蒸餾法的過程中除了芳香植物外，還有一種非常重要的物質即為水，也是植物蒸餾後形成精油和純露的必需品。而一款品質精純穩定的純露除了芳香植物本身的品質外，「水」更是直接影響純露品質的重要因素！市面上也有一些劣質的純露會添加一些化工的香精，以增加純露的香味和降低成本，但若用於人體是會造成使用者的傷害，因此以下從幾個面向來判定純露的品質。

1. 水的品質：水的品質好壞是影響蒸餾後純露品質的穩定和精純的重要因素，因此若能使用來自純淨水源無汙染的水質，是萃取純露最佳的選擇。

2. 芳香植物栽種的品質：要萃取出品質優良的純露除了純淨的水質外，另外一個重要影響因素就是芳香植物本身，所以若是來自高品質無汙染如有機認證的芳香植物，萃取出來的純露在品質上相對是較佳的。

3. 100% 精純的純露：純露是芳香植物用水蒸餾後所產生的物質，經由蒸餾萃取後所留下來應是 100% 的芳香純露，而無添加其他介質如維他命 E 油、其他植物萃取液或一些化學物質，所以要判別純露的好壞，成分的組成很重要。

4. 製程經由認定的生產廠家或是供應商：在選擇優良品質的純露，若是選擇經由安全製程認證的生產商或較有信譽，品牌較大及市占率較有口碑的供應商，如有歐盟有機認證或各地農業衛生單位認證的供應商，純露的品質相對較具穩定性。

二、純露的保存方式

純露因為是水溶性物質，因此比精油更不穩定也較容易受細菌感染，故在保存上更為不易，故良好的使用及保存方式就足顯重要，以下即介紹純露的保存方式供讀者參考。

1. 存放於陰涼處：若是食品級可飲用的純露，開封後請存放於水箱冷藏。若是其他保養用途的純露請存放於陰涼處，不要放於陽光可照射的地方如窗邊。

2. 使用深色容器存放：存放純露的容器最好使用有顏色或深色容器的玻璃瓶，以防純露受陽光或光線影響而變質。

3. 存放時間：品質精純的純露若未拆封一般可存放存 2 年至 3 年左右，若是有拆封的純露以 500ml 容量，最好在三個月以內使用完畢，以確保純露的品質。

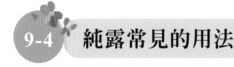 **9-4 純露常見的用法**

純露在日常生活中常見的用法有下列幾項：1.口服、2.餐飲、3.製作保養品、4.製作調香品、5.製作防護噴液、6.製作擴香液、7.沐浴、8.身體局部保健。

茲就上述幾項分述如下：

1. 口服：並不是每一種純露均可以口
   服，只有百分百精純無添加，且
   經衛生單位核准為食品級、可供食
   用的純露才可以用於口服，但在
   口服時也應注意純露的濃度。一
   般平常保健濃度建議約為 100~200
   比 1 為原則，如 10ml 濃度可加
   入 1000ml 的水或 5ml 的濃度加入
   1000ml 的水飲用。

2. 餐飲：使用於餐飲的純露與口服純露一樣，需為食品級的純露，一般可添加於
   食物中以增加食物的風味，如製作沙拉、果汁或湯品時，在食物製備完成時可
   噴些純露，也可在烘培製作時加純露於糕點中以增加食物之風味。

3. 製作保養品：純露也常被用來製作保養品，也可添加於乳液、營養霜或化妝
   水，尤其花朵類所萃取出來的純露花水，因具有保濕美白、傷口癒合之能力，
   故常被當成化妝水使用。香料類純露也很適合用於油性肌膚或身體痠痛部位的
   舒緩。

4. 製作調香品：在本書第六章有介紹的芳香調香中，就是使用純露代替水來增加
   香水的香氛，如柑橘類純露和木質類純露常被用來作為中性香或男香之添加
   物，花朵類則為女香之添加物，但相對的也會增加香水的成本。

5. 製作防護噴液：純露也可添加酒精與精油來製作防護噴液，可參考第六章香水
   調製濃度，如要製作 30ml 之防蚊液或手部消毒液，可使用茶樹純露 1.5ml+ 香
   茅純露 1.5ml+24ml 酒精再加茶樹、香茅、薰衣草精油各 20d。

6. 製作擴香液：製作擴香液的做法與防護噴液一樣，但要配合空間使用較佳，如進門玄關若使用 30ml 調配擴香時，可使用檸檬純露 1ml+ 薄荷純露 1ml+ 絲柏純露 1ml+24ml 穀物酒精，再加上絲柏與檀香精油各 30d。

7. 沐浴：純露也可用於身體沐浴如泡澡或盆浴，若要達到紓壓放鬆的作用，可添加花朵類或木質類之純露 50ml 於浴缸中，若是要促循環及排水作用，可加入香料類或木質類之純露。而一般盆浴為針對痔瘡或婦科問題，可取 4000ml 之水加入 20ml 之香料類純露，加花朵類純露進行盆浴，以舒緩及鎮靜消炎。

8. 身體局部保健：純露用於身體局部保健，可分為熱敷，如肩頸痠痛時可用香料類純露搭配精油再利用毛巾熱敷於酸痛部位；另一為泡腳，如保健養生促進循環，可加香料純露或木質類純露，若為防止腳部異味或黴菌感染，則可用香料類純露或茶樹純露於泡腳水中。

9-5 使用純露的注意事項

　　純露雖為水溶性，功效不輸精油也更易於人體的吸收，但卻比精油更不易保存，因此使用純露也有需注意之事項，茲分述如下：

1. 口服注意事項：雖然有註明食品的純露可以口服，但凡事過與不及皆不好，所以用於飲用或口服的純露，建議加水稀釋一天建議飲用純露 5ml~10ml 即可，也可與其他不同的純露協同或交換使用。

2. 有疾病或特殊狀況應經過醫囑或暫勿使用：若身體有慢性疾病或其他異狀，在飲用時需經過醫生評估，或暫不飲用，孕婦或嬰幼兒也不建議飲用，孕婦建議花朵類及香料類純露暫不飲用，以防止引產之效果。花朵類＋香料類對於荷爾蒙作用較強，故使用以1%以下較為適宜，尤以有家族婦癌病史者需斟酌使用。

3. 保持方式：食品級的純露開啟後建議置於冰箱冷藏，以防止純露變質。

4. 非食品級純露不可飲用：純露的選擇成分越單純越好，不要添加其他太多成分的純露較好，非食品級純露只可用於保養皮膚或製作保養品相關類別，切不可飲用以免危及身體健康。

9-6 利用純露製作芳香擴香與防蚊液

　　以下調配以容量各為 30ml，10% 濃度為主，可參考第六章 6-1 香水調製濃度表。1ml=20d 精油，純露也可用純水替代。

　　精油：10%×30=3ml　　酒精：80%×30=24ml　　水或純露：10%×30=3ml

一、臥室芳香擴香操作步驟

| 1. 倒入玫瑰純露 3ml。 | 2. 倒入酒精 24ml。 | 3. 再加入甜橙、薰衣草、依蘭精油各 20d。 |

| 4. 充分攪拌。 | 5. 倒入擴香瓶中。 |

| 6. 裝瓶完成。 | | 7. 臥室芳香擴香成品。 |

二、玄關芳香擴香操作步驟

1. 倒入薰衣草純露 3ml。　2. 倒入酒精 24ml。

3. 再加入葡萄柚、絲柏、檀香精油各 20d。

4. 充分攪拌。　5. 倒入擴香瓶中。

6. 裝瓶完成。　　　　　　　　　　7. 玄關芳香擴香成品。

三、芳香防蚊液噴霧操作步驟

1. 倒入薰衣草純露 3ml。　2. 倒入酒精 24ml。　3. 再加入茶樹、香茅、薰衣草精油各 20d 後攪拌。

4. 再充分攪拌。　5. 倒入噴霧容器中。　6. 裝瓶完成。

7. 芳香防蚊液噴霧成品。

註：1. 酒精可選用穀物酒精或藥用酒精。

　　2. 也可使用茶樹或香茅純露。

課後討論

1. 若經濟許可，請購買一食品級花類純露加入飲水中飲用及作為臉部保濕用，一週後寫下您的心得感想。

2. 請嘗試練習用純露製作浴室擴香液。

3. 請嘗試練習用純露製作書中所提供之防蚊噴液或擴香液使用並寫出心得。

芳香療法的使用方法

Aromatherapy
&
Body Care

　　芳香療法的使用法及用途具多樣性，在使用時芳療師可依照個案的習慣或使用的方便性及當時的狀況給予最佳的建議。一般常見的芳香療法有：1. 按摩法、2. 水療法、3. 吸入法、4. 添加法、5. 濕布法，茲就上述作簡要說明如下：

10-1　按摩法

　　精油經由按摩的方式進入人體，不僅能讓個案肌肉放鬆，更能達到促進血液循環及新陳代謝的功效。一般的按摩方式可分為局部按摩與全身按摩，其中局部按摩又可分為：1. 臉部按摩、2. 頭皮按摩、3. 消炎止痛、4. 排水腫按摩等。

1. 臉部按摩：大都以保濕、抗老化、平衡油脂、消炎鎮靜為主。保濕、抗老化可選擇花類精油及樹脂類精油，消炎、平衡油脂可選擇葉片類精油及花類的薰衣草、洋甘菊精油。

2. 頭皮按摩：一般以促進毛髮生長及去頭皮屑為主。促進頭髮生長可使用薰衣草＋香料類精油，如：薑。去頭皮屑則可使用茶樹精油調配基礎油。

3. 消炎止痛按摩：如肩膀痠痛、關節炎…等，可使用葉片類＋香料類精油加洋甘菊精油調基底油使用。

4. 排水腫按摩：可使用柑橘類加木質類精油加基底油調配使用。

　　全身按摩可讓顧客感受身、心、靈放鬆的狀態，建議 SPA 以歐式的放鬆舒緩按摩手技為主，較不建議採用重力經絡按摩，以免個案因疼痛而延緩壓力的消除。

按摩濃度、比例及功效建議

1. 臉部按摩：1% 之濃度、10ml 基底油。

2. 頭皮按摩：2.5~5% 濃度、10ml 基底油。

3. 消炎止痛：2.5~5% 濃度、10ml 基底油。

4. 排水腫：2.5~5% 濃度、10ml 基底油。

5. 全身按摩：2.5~5% 濃度、30ml 基底油。

芳療按摩法有下述之功效

1. 可強化循環系統的功能。

2. 可協助淋巴系統的代謝功能。

3. 可安撫中樞神經系統。

4. 可增強人體的免疫力。

5. 可保肌膚潤澤彈性。

6. 可緩解身體的病痛。

7. 可緩解身體的炎症現象。

8. 可平衡身心靈。

9. 可舒緩緊繃的肌肉。

10. 可強化肌肉系統的功能。

11. 可促使體內廢水及毒素的排出。

不建議使用按摩法的個案

按摩法雖有許多益處及強化身體機能，但有些個案暫時不建議使用：

1. 發高燒者。

2. 神智不清者。

3. 身上有強烈劇痛者。

4. 骨折者。

5. 皮膚發炎潰爛者。

6. 曬傷、灼傷及燙傷者。

7. 有接觸感染之疑者。

8. 有傷口、腫脹者。

10-2 水療法

　　水療法源自歐洲，早期水療是利用水的衝擊力作用於肌肉痠痛的部位或用於泡澡、現今的水療也就是 SPA 則會加入芳香精油於水中做抒解壓力、放鬆身心、促進循環用。水療法可分為：1. 泡澡、2. 淋浴、3. 足浴、4. 盆浴、5. 沖洗法。

1. 泡澡法：即全身浸泡於 38~40℃左右之溫水中，泡澡時水位最好不要超過心臟，隨時引入溫水，可添加氣味芳香清新的花類及柑橘類精油。

2. 淋浴法：大都將芳香精油滴入特製的沖水器中，隨水流出而直接沖洗身體，若以加強消炎、鎮靜止痛效果，可加入草本類之精油。

3. 足浴：大部分用於容易手腳冰冷或失眠、循環不良或有香港腳等症狀，可使用產熱及殺菌的精油，如：香料類精油。

4. 盆浴：盆浴大致用於婦科，尤以針對有泌尿器官感染者，則可加入具消炎、殺菌、抗病毒的精油。若是針對痔瘡時則可使用具消炎止痛的精油。水溫以 30~38℃為宜，浸泡時間約為 10 分鐘。

5. 沖洗法：沖洗法通常用於婦科之症狀，即將精油滴入蒸餾水中，水溫不可太高，可針對陰部搔癢、異味或感染等症狀做改善，可用草本類或葉片類精油來做感染的改善。

水療法之濃度比例及功效建議

　　上述水療法之濃度直接滴入適合之精油 5~10 滴左右即可。

水療法之功效

1. 可減輕肌肉的緊繃感。

2. 可加強循環系統的功能。

3. 可加強淋巴血液循環代謝功能。

4. 可平衡神經系統。

5. 身心靈可得到壓力的釋放。

6. 以緩解肌肉痠痛。

7. 可加速體內毒素排出體外。

8. 可增強免疫力。

不適合作水療法的個案

1. 患有高血壓、心臟病者水溫不可過高，以30~37℃為標準，浸泡時間不可過久，不超過15分鐘。（經醫囑使用為宜）

2. 身上有發炎及傷口者。

3. 皮膚疑有傳染病時。

4. 目前燙傷或灼傷者。

5. 神智不清者。

6. 飲酒過量者。

10-3 吸入法

　　吸入法是透過呼吸器官，利用嗅覺吸入芳香精油，進而影響身心及情緒，讓身心靈之壓力得到舒緩。吸入法有：1. 薰香法、2. 水蒸氣法、3. 噴霧法、4. 嗅吸法等方式。

1. **薰香法**：早期的薰香法使用蠟燭式，後有用插電加熱法，至最後演進成水氧機及擴香儀這兩項，也是較常在公共區域或美容 SPA 中用來擴散芳香分子的儀器，因安全性較高及擴香範圍較廣及持久，也取代了早期的蠟燭式。適量選擇精油，並視情況滴入自己喜愛或需要的精油即可。

2. **水蒸氣法**：通常是指熱水蒸氣的吸入，在 SPA 工作室常會利用兩用蒸臉器，藉由蒸臉時協助顧客吸收，主要以乾性肌膚保濕及油性肌膚抗菌為主。另一種則為針對呼吸系統之感染為主，將精油滴在器皿上加入熱水，利用熱蒸氣將精油分子散發而吸入口鼻，以治療呼吸道感染，但氣喘者較不建議使用，因恐過度刺激而引發氣喘。臉部保濕以花類及樹脂類為主，消炎抗菌可選擇洋甘菊、薰衣草為佳，呼吸道感染則選擇樹脂類與木質類較佳。

3. **噴霧法**：噴霧法之用途可分為殺菌除臭、淨化空氣、創造情境浪漫、淨化磁場及防止蚊蟲叮咬等項。因水與精油不能融合，因此在噴霧器皿中加入蒸餾水再滴入適合之精油，還要加入穀物酒精做為媒介讓精油與蒸餾水相融合。淨化時可選擇樹脂類及木質類，防蚊蟲叮咬可選擇香料類加葉片類精油，情境製造可選擇花類加柑橘類，淨化空氣可選擇薄荷加柑橘類。

4. **嗅吸法**：嗅吸法主要是針對舒緩個案當時的病症而使用，也可用於提神醒腦，嗅吸有使用殺菌過的紗布或乾淨紙巾滴 1~2d 單方精油在上面，然後深呼吸做擴胸動作，讓精油的芳香分子經由呼吸道進入胸腔再循環至全身以達到緩解病症的現象。另一種方式則是使用手掌摩擦法嗅吸，步驟為先將雙手消毒再滴入 1~2 複方精油於手掌摩擦數下後再靠近口鼻嗅吸。嗅吸法主要為運用在改善呼吸道病症及提神醒腦，可分別使用木質類＋樹脂類及葉片類＋香料類精油。

吸入法之濃度比例及功效建議

1. 薰香法以單方精油 5d 左右為宜。

2. 水蒸氣以單方精油 5d 左右為宜。

3. 噴霧法以單方精油 3~5d 左右為宜。

4. 嗅吸法以單方精油 1~2d 左右為宜。

吸入法之功效有以下幾種

1. 改善呼吸道感染之病症。

2. 提神醒腦。

3. 淨化空氣。

4. 減少痰液。

5. 殺菌、抗病毒。

6. 舒緩壓力。

7. 緩解焦慮的情緒。

 不建議使用者

氣喘嚴重者。

 **10-4 添加法**

所謂添加法是只將精油添加於美容用品中，如化妝水、乳液或面霜及美髮產品中，若用於美容用品中建議根據膚質及功效做適合精油的添加，用於臉部保養可依膚質選擇花類、樹脂類之精油，用於美體雕塑可選擇香料類、木質類與柑橘類精油，用於美髮則可選用葉片類及香料類之精油。

 添加法之濃度比例、功效及建議

濃度比例：臉部以 1% 為宜，若用於美體雕塑上以 2.5~5% 為宜，若添加於潔淨、護髮用品上以 2.5% 為宜，但若是促進生髮可考慮以 2.5~5% 濃度做調整。

 添加法之功效

1. 可加強美容產品之功效，使效果更佳。

2. 可加強美體產品之功效，使效果更佳。

3. 可加強美髮產品之功效，使效果更佳。

4. 可加入美容、美體、美髮產品以利滲透吸收。

不建議使用者

1. 皮膚有發炎及傷口者。

2. 皮膚有敏感現況者。

3. 皮膚嚴重燒燙傷、曬傷者。

 **濕布法**

所謂濕布法則是利用精油滴入器皿水中，再用毛巾放入水中浸泡，擰乾後敷貼於個案之病症部位。一般而言，濕布法大部分用熱水式濕布，以水溫 37~42℃為主，也有美容 SPA 將吸收精油的毛巾置放於蒸氣箱中加溫及保濕，再幫顧客熱敷於臉、肩、頸等易痠痛部位。另一種則為冷濕布法，通常是用於鎮靜、消腫，如：發燒、扭傷用。

熱濕布法用於臉部可選擇花類精油，用於肩頸痠痛可選擇葉片類及香料類精油，臉部水溫以 37~38℃為宜，肩頭痠痛僵硬以 38~42℃為宜。

冷濕布法用於發燒，可使用香料類精油加速排熱，用於消炎消腫，則以葉片類與草木類精油為宜。

 濕布法之濃度比例及功效、建議

濕布法所需滴入的單方精油，可依個案之情況及病症，選擇適宜之精油滴入 5~10d 左右，再將毛巾浸泡於其中後取出使用。

 濕布法之功效

1. 促進血液循環。

2. 加強代謝幫助體內毒素的排出。

3. 退燒散熱。

4. 舒緩肌肉痠痛。

5. 消除疲勞。

 不建議使用者

1. 濕布部位有發炎紅腫現象。

2. 濕布部位有傷口感染者。

3. 靜脈曲張嚴重者不建議熱濕布法。

課後討論

1. 請您寫出按摩法各部位之濃度比例。

2. 試述芳香按摩法之功能五種以上。

3. 有哪些個案暫時不建議使用芳香按摩？

4. 吸入法有哪些方式？

5. 吸入法之功效有哪些？

6. 何謂添加法？其功效為何？

芳香療程顧客諮詢與注意事項

Aromatherapy
&
Body Care

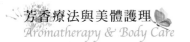

　　一個專業的芳療人員在為顧客從事芳療護理療程時，必須注意顧客的身心狀況，才能依顧客當時的情況予以調配出最佳的配方，以滿足對方的需求及改善不適的症狀。因此，一位專業的芳療師應能掌握下列要項，為顧客提供美好的芳香療程服務。

11-1 　芳香療法之顧客諮詢

　　專業的芳療人員除了須具備專業的芳療知識外，更須有高度耐心、細心、包容及傾聽，關懷顧客從語言與肢體所透露出的需求。因此當一個陌生顧客走進芳療室時，芳療師應親切的問候，並簡潔的自我介紹，請顧客至諮詢室就座，並詢問顧客來店之主要目的及需求後，再針對顧客的需求予以適合的芳療療程規劃並講解。

　　在簡要講解及分析顧客適合的芳療療程後，芳療師可先帶顧客參觀芳療室的主要環境及使用產品與儀器設備，以便讓顧客能更熟悉芳療室及為接下來深入的顧客諮詢作準備。

　　在作顧客諮詢時，芳療師透過「顧客資料表」上舉列之事項一一詳細引導顧客回答，顧客資料表除了填寫顧客的基本個人資料外，更重要的是能從中瞭解到顧客的生理、心理、情緒、日常飲食習慣及評估目前的身心狀況與參與芳療的主要目的，在做完顧客諮詢表後，芳療師可依諮商的結果對顧客當時的狀況進行評估，並以予建議芳療配方及療程，過程中應詳細的為顧客做芳療療程及用油的解說，讓顧客可以更瞭解芳療的意義及目的，也可加深對芳療人員的信任。

表 11-1 顧客諮詢表（正）

顧客編號：　　　　　　　　　　　　　　　　　　　年　　月　　日

姓名		皮膚系統	膚質： 感染發炎部位： 需特別注意的部位： 其他：
出生年月日			
地址			
電話及 mail		呼吸系統	□鼻炎□鼻竇炎□喉炎 □氣喘 其他：
職業			
本次來訪目的			
最近一次就醫時間		循環系統	□心血管疾病□靜脈曲張 □高血壓□低血壓 □上肢水腫□下肢水腫 其他：
目前有無服用藥物	□是 何種藥物：＿＿＿＿ □否		
是否曾有重大疾病	□是 何種疾病：＿＿＿＿ □否	神經系統	□頭痛□麻痺（部位：＿＿＿） 其他：
是否有過手術	□是 何種手術：＿＿＿＿ □否		
是否有遭受身心打擊	□是 何種創傷：＿＿＿＿ □否	肌肉系統	□扭傷、拉傷□挫傷 □痠痛（部位：＿＿＿） □萎縮（部位：＿＿＿）
是否發生過意外事故	□是 何種事故：＿＿＿＿ □否		
是否有對食物或藥物過敏	□是 何種過敏原：＿＿＿＿ □否	骨骼系統	□骨折（部位：＿＿＿） □骨骼痠痛（部位：＿＿＿） □脊椎側彎 其他：
目前是否有搭配其他自然療法	□是 何種自然療法： ＿＿＿＿＿＿＿＿ □否	消化／排泄系統	□腸炎□胃痛□胃脹□腎炎 □膀胱炎□肝功能障礙 其他：
家庭醫生	姓名： 電話：	內分泌系統	□分泌失衡□腎上腺失調 □甲狀腺失調 其他：
壓力來源	□家庭壓力（主因：＿＿＿） □工作壓力（主因：＿＿＿） □兩性交往（主因：＿＿＿） □課業壓力（主因：＿＿＿） 其他：	生殖系統	□卵巢肌瘤□月經機能失調 □停經□攝護腺失衡 目前是否懷有身孕 □是（幾週：＿）□否
目前壓力指數	若壓力指數最高為 5，請問您目前的壓力指數為： □5□4□3□2□1		

表 11-1　（續）顧客諮詢表（反）

顧客編號：　　　　　　　　　　　　　　　　　　　年　　月　　日

芳療配方		本次芳療 護理紀錄	
〃		〃	
〃		〃	
〃		〃	
〃		〃	
〃		〃	
〃		〃	
〃		〃	
〃		〃	
〃		〃	
〃		〃	
〃		〃	
〃		〃	
〃		〃	
〃		〃	
〃		〃	
〃		〃	

11-2 身體視診

　　在專業且愉悅的進行顧客諮詢後，芳療師與顧客對彼此應能更加瞭解。接下來芳療師應請顧客至芳療區沖洗身體，之後再帶往芳療室開始療程服務，在顧客前往芳療區後，芳療師則可拿出為顧客調好的配方用油並給顧客聞香。另外芳療師若為顧客調理三種局部用油，如：肩頸用油或下半身雕塑用油或腹腔用油等，最好也依功能的不同向顧客解說，以增加顧客之安全感及信任感。接下來協助顧客面向下躺於芳療床，這時芳療師可為顧客做身體的視診，如：皮膚有無傷口發炎或腫脹、靜脈曲張、脊椎側彎或其皮膚顏色有無異常等現象，以便於療程的服務。若發現顧客身體有異樣，可為顧客解說，並於療程開始後特別注意不觸及患部或力道輕緩的接觸，若嚴重者則應建議顧客就醫檢查。

11-3 進行芳香療程

　　在做完身體視診，此時芳療師可在顧客耳邊輕聲細語的告訴顧客療程即將開始，請顧客身心放鬆。這時芳療師可先為顧客從事身體掌壓，以幫助顧客緊繃的肌肉放鬆，接下來布油於肩頸背穴，再開始芳療手技按摩，全身按摩結束後，可為顧客全身或局部敷上身體敷泥，以加速顧客體內毒素的代謝，整個療程約 1 小時 30 分鐘～ 2 個小時左右，在療程結束後，若顧客已熟睡，芳療師可於顧客耳旁輕喚，並告知芳療程序已服務結束，並請顧客先側躺後再協助顧客離開芳療室更衣。

11-4 療程後建議

在做完整個療程後，請顧客至更衣室梳理妝容，芳療師應利用此空檔在諮詢接待室備好養生花茶及療程建議表，以讓顧客飲用及預約下次療程建議與居家護理療程建議，並且詳盡的記錄此次服務療程項目及用油配方於建議表中。當顧客至諮詢接待室時，芳療師除詢問顧客對療程的感受及滿意情形外，並須針對顧客狀況，開立居家療程配方請顧客配合使用，並預約下次回診時間，當顧客要離開時，芳療師應叮嚀顧客下列幾項注意事項：

1. 芳療後應休息。

2. 飲用適量之開水，尤以溫開水為佳。

3. 芳療後勿飲食過度，宜清淡，少食刺激性食物。

4. 芳療後 3 小時內避免沖澡，以利精油被身體吸收。

5. 如有不適請立即與芳療師聯絡。

課後討論

1. 請找一個案，為其做個案諮詢，並開立芳療配方用油。

2. 試述為顧客做芳療視診時須注意哪幾要項。

3. 試述為顧客做芳療療程時須注意哪幾要項。

4. 試述療程結束時芳療師應做哪些建議。

CHAPTER

12

專業芳療按摩法

Aromatherapy
&
Body Care

12-1 芳療技術員及器具介紹

一、芳療技術人員服儀介紹

1. 整齊端莊的儀容。

2. 頭髮：梳理整齊。

3. 穿著：舒適整齊的工作服。

4. 鞋子：穿著包鞋。

5. 進行芳療過程時手上不配戴任何飾品及手錶。

6. 手指指甲不可過長。

二、芳療器具介紹

美體輔助工具（體刷）：身體雕塑使用。

美體 G5 推脂儀：可將硬脂肪打成軟脂肪及促進血液循環。

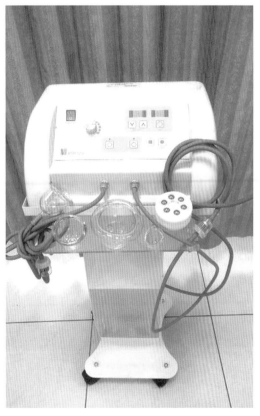

深層律動按摩儀：可瓦解深層硬脂肪、推脂滑罐及拔罐，加速循環代謝。

舒適的美容躺椅。

芳香精油木盒。

天然植物芳香精油（一）。

天然植物芳香精油（二）。

天然植物芳香精油（三）。

基礎油。

芳香精油容器。

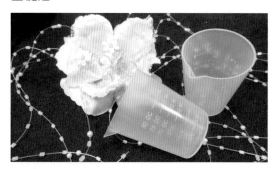

芳香精油量杯。

12-2 背部芳療按摩

背部芳療按摩手法示範

 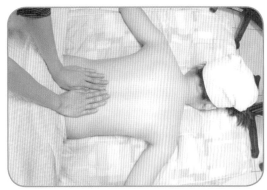

① 雙手服貼於腰部，順著脊椎兩側至肩胛骨順時鐘畫一圈回到腰部。

 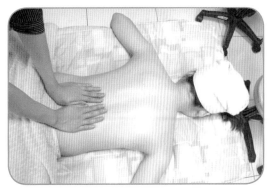

② 雙手服貼於腰部，順著脊椎兩側至肩胛骨順時鐘畫兩圈回到腰部。

 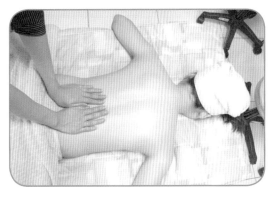

③ 雙手服貼於腰部，順著脊椎兩側至肩胛骨順時鐘左一圈右一圈畫圈回到腰部。

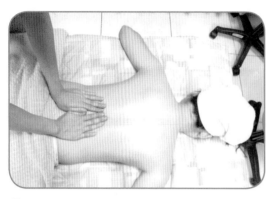

④ 雙手服貼於腰部，順著脊椎兩側至大椎穴，順著脊椎兩側順時鐘畫小螺旋回到腰部。

⑤ 雙手服貼於腰部，順著脊椎兩側至大椎穴後由上往下，服貼於背部左右做滑動動作回到腰部。

⑥-1 雙手由上往下服貼於背部做揉捏動作回到腰部。

⑥-2 同 ⑥-1 按摩於背中央及內側之背肌。

❼ 雙手之手腹肌肉由背穴側由外往內服貼於背部做滑動動作。

❽ -1 雙手之手掌來回拉抬於腰部（左）。

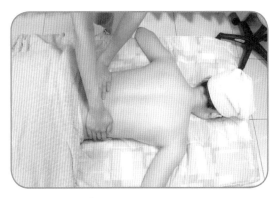

❽ -2 延續❽ -1。

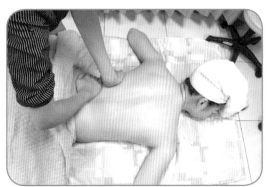

❽ -3 雙手之手掌來回拉抬於腰部（右）。

❾ -1 雙手服貼於腰部，順著脊椎兩側至雙臂往下滑。

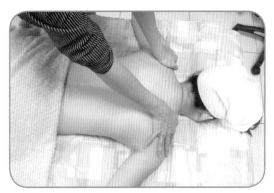

❾ -2 延續 ❾ -1。

12-3 肩、頸部芳療按摩

肩、頸部芳療按摩手法示範

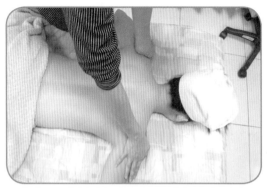

❶-1　雙手服貼於肩部，順著頸部兩側至雙耳下來回滑動。

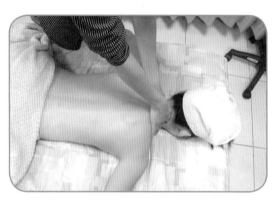

❶-2　延續❶-1。

❶-3　延續❶-1。

❶-4　延續❶-1。

❶-5　延續❶-1。

❷-1　雙手服貼於肩部，利用虎口揉捏於右肩。

❷-2　雙手服貼於肩部，以虎口揉捏於右肩。

❷-3　雙手服貼於肩部，利用虎口揉捏於頸部。

❷-4　雙手服貼於肩部，以虎口揉捏於左肩。

❸-1　雙手服貼於肩部，順著頸部利用虎口由下往上揉捏於頸部。

❸-2　延續❸-1。

❹　雙手服貼於肩部順著頸部以大拇指按壓於風池、風曲穴。

⑤-1 雙手五指張開做劈砍動作於肩頸。
（左右）

⑤-2 延續⑤-1。

⑤-3 延續⑤-1。

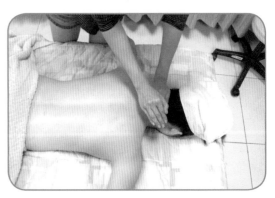

⑥-1 雙手掌弓起做拍打動作於肩頸。
（左右）

⑥-2 延續⑥-1。

⑦-1 雙手服貼於肩部，順著頸部兩側至雙
耳下來回滑動做安撫動作。

❼-2 延續❼-1。

❼-3 延續❼-1。

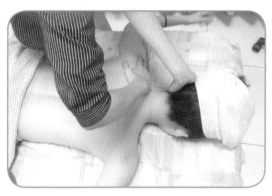

❽-1 雙手服貼於肩部,順著頸部兩側來回滑動(左、右)。

❽-2 延續❽-1。

❾-1 同❶之動作做結束安撫動作。

❾-2 延續❾-1。

12-4 腿部芳療按摩

腿部芳療按摩手法示範

一、大腿部位

① 雙掌交疊於膝後方由下往上以身體的力量推。

② 接 ① 至大腿與臀部交接處。

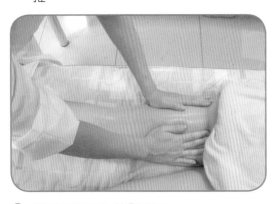

③ 雙手服貼平行放鬆滑回。

④ 至膝後方。

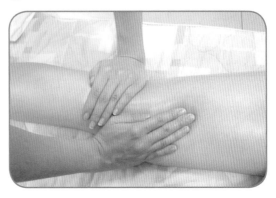

⑤ 雙掌交疊於膝後方由下往上重推至大腿與臀部交接處。

⑥ -1 再以五指由內往外左右來回推往大腿外側。

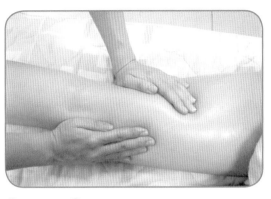

⑥-2　同⑥-1。

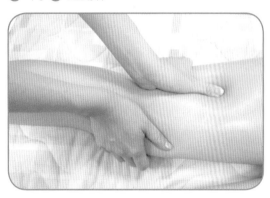

⑦　同⑤之動作。

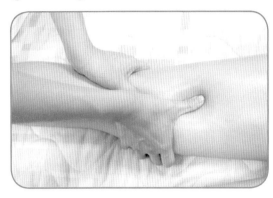

⑧-1　再以大姆指由內往外左右來回推往大
　　　腿外側。

⑧-2　同⑧-1。

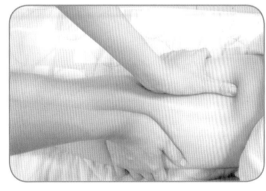

⑧-3　雙掌服貼於腿部兩側，以拇指由下往
　　　上由內往外重推。

⑧-4　同⑧-3。

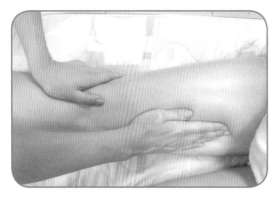

9 -1　右手五指並攏由膝大腿內側往上滑。

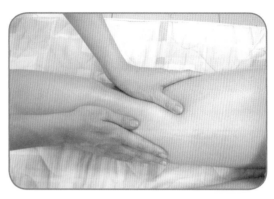

9 -2　再由上往下滑至膝後方。

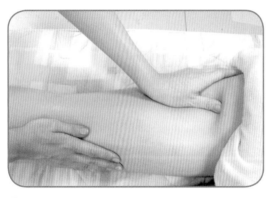

10　左手服貼於腿部兩側，由下往上由內往外重推。

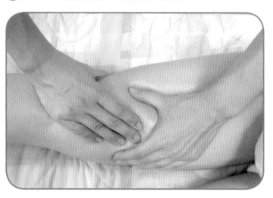

11　雙掌服貼於腿部，做揉捏動作，於大腿內側。

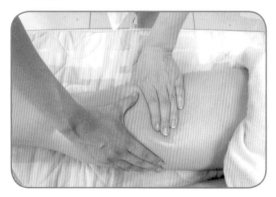

12　同**11**之動作於後大腿及外側。

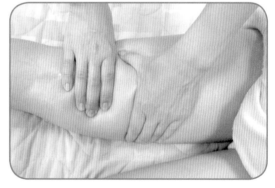

13　雙掌虎口服貼於腿部，左右做揉轉動作。

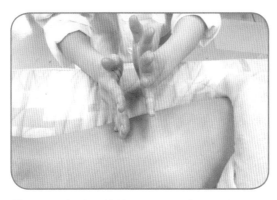

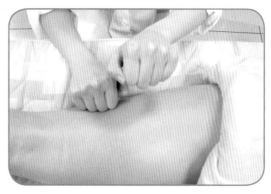

14 雙手成手刀狀於腿外側做劈砍動作。　　**15** 雙手成手刀狀於腿外側做扣撫動作。

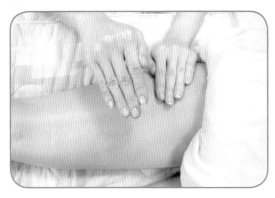

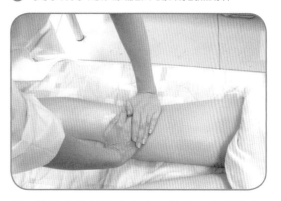

16 雙手成手刀狀於腿外側做拍打動作。　　**17** 雙掌交疊於膝後方由下往上以身體的力量
　　　　　　　　　　　　　　　　　　　　　推，大腿正面之動作同背面之動作。

二、小腿部位

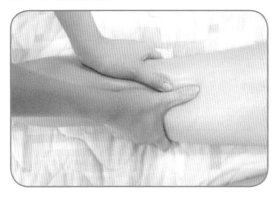

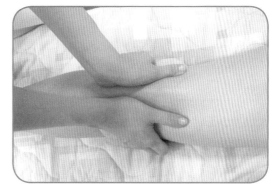

1 雙掌交疊於膝後方，雙手大拇指指腹由內往外安撫於膝蓋後方。

 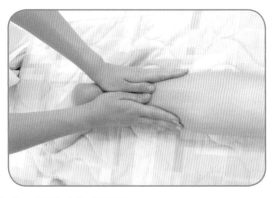

❷ 雙掌交疊於後腳踝處，由下往上重推至膝後方來回做安撫的動作。

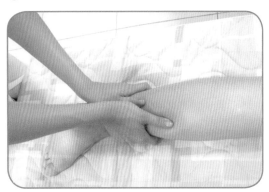 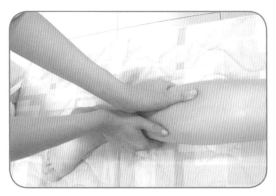

❸ 以拇指由下往上由內往外重推。

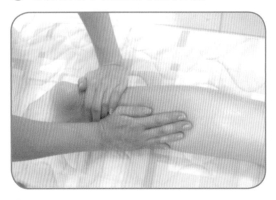 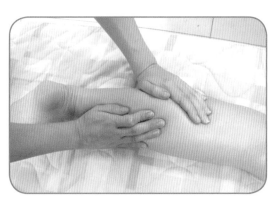

❹ 於膝後方以四指由內至外畫半圓方式，左右做滑推動作。

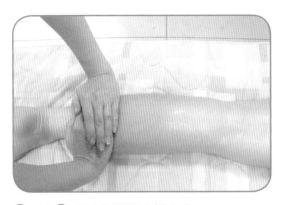

5 同 **2** 之動作滑至小腿上方。

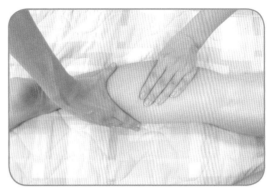

6 雙掌服貼於小腿部做捶捏動作。

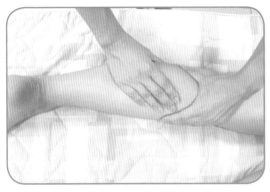

7 雙掌服貼於腿部做揉捏動作。

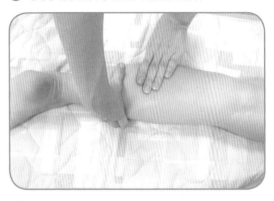

8 -1　雙掌虎口服貼於腿部，左右做揉轉動作。

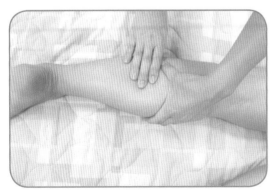

8 -2　同 **7** 由下往上再由上往下重複做。

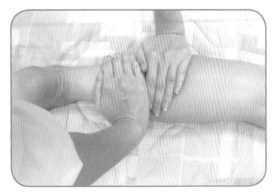

8 -3　雙掌交疊於後腳踝處，由下往上重推至膝後方來回做安撫的動作。

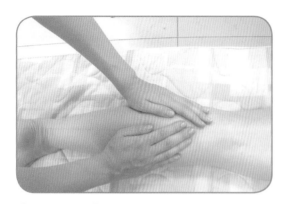

⑧-4　延續⑧-3。

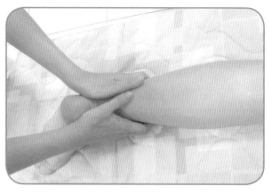

⑧-5　安撫至腳踝處。

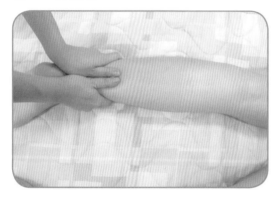

⑧-6　延續⑧-5。

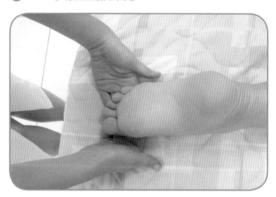

⑨　雙掌於腳板處來回安撫後做結束動作。

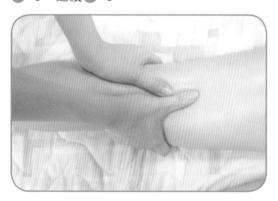

⑩-1　小腿正面動作同背面動作。

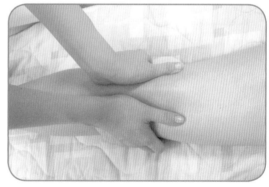

⑩-2　延續⑩-1。

12-5 腹部芳療按摩

腹部芳療按摩手法示範

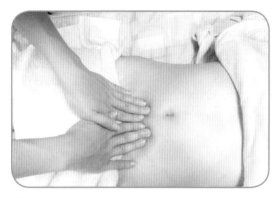

❶ 於腹部塗抹精油，輕撫舒緩緊繃身心。

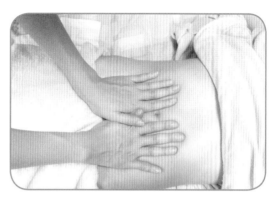

❷ 拇指交扣，手掌服貼腹部，由下往上輕推。

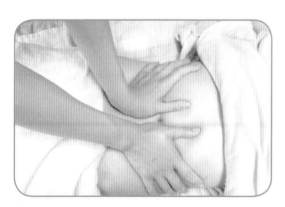

❸ 滑壓至兩側腰部。

❹ 雙手服貼往腰部滑壓。

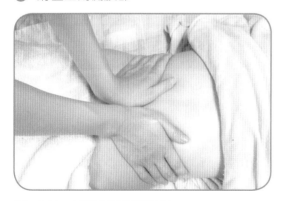

❺ 再由兩側腰部滑回腹部。

❻ 再雙手交叉滑至腰部。

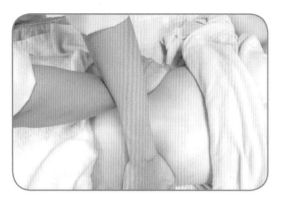

⑦ 雙掌交錯來回，將腰部肌肉抬起。

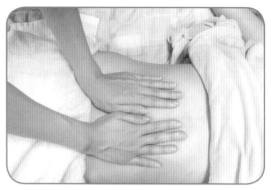

⑧ 連接 ⑦ 之動作，雙掌回到下腹部。

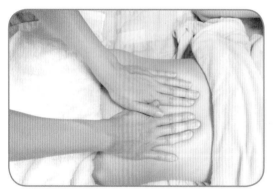

⑨ 手法同 ②。

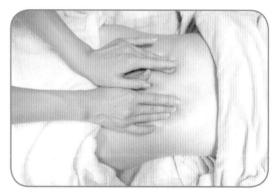

⑩ 至肚臍上方再以中指、無明指之指腹以畫螺旋方式至下腹部丹田處。

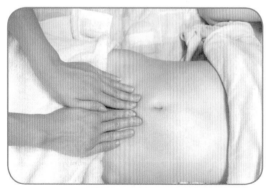

⑪ 中指及無名指於指腹以畫半圓方式回至腹部下方。

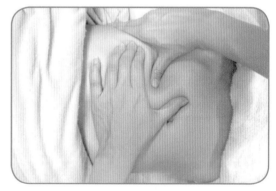

⑫ 以虎口大姆指及食指兩側腰及腹部畫半圓揉捏。

⑬ 雙掌虎口以鉗狀於腰腹部肌肉左右來回搓滑。

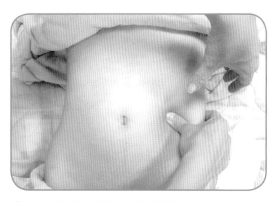

⑭ -1 雙手小跳捏於腰腹間。

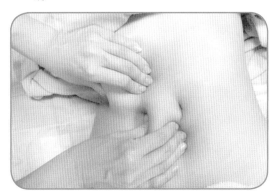

⑭ -2 雙手小跳捏於腰腹間。

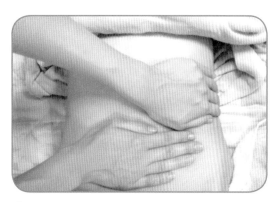

⑮ 雙手於兩側腰部做抬腰的動作。

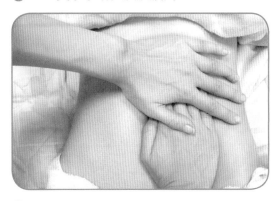

⑯ -1 於腹中央做畫太極的方式揉推。

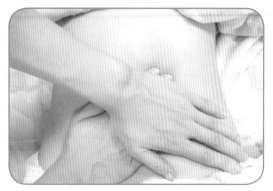

⑯ -2 同⑯ -1。

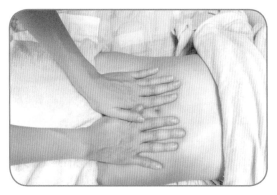

⑯ -3 　同⑯ -1。

⑰ 　同腹部 ❷ 之動作，由下往上輕推再滑回下腹部做結束動作。

12-6 　胸部芳療按摩

胸部芳療按摩手法示範

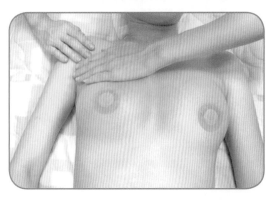

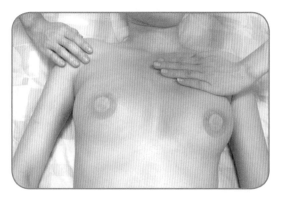

❶ 　雙掌服貼於胸前鎖骨處左右來回做安撫動作。

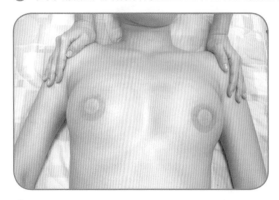

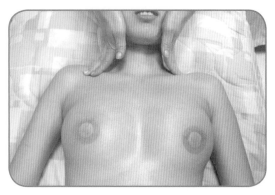

❷ -1 　雙掌於鎖骨處滑至肩部做安撫動作。

❷ -2 　連接頸部至耳下做安撫動作。

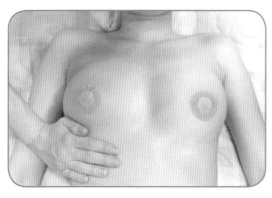

③-1　雙掌於胸部下方左右滑動安撫。

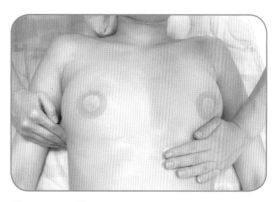

③-2　同 ③-1。

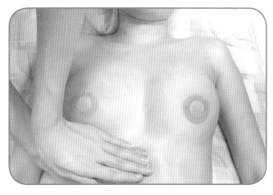

④　雙手交疊於右胸下方胸骨處向外按摩至右腋下。

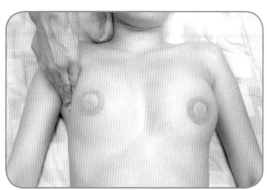

⑤　連接 ④ 按壓右腋窩淋巴點。

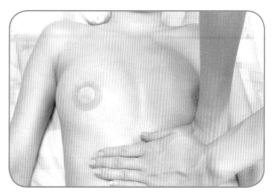

⑥　雙手交疊於左胸下方胸骨處，向外服貼安
　　撫。

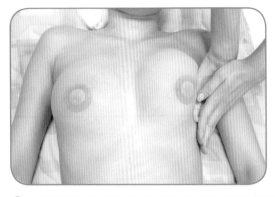
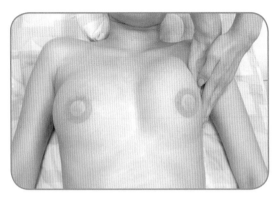

⑦ 雙手交疊於左胸部下方胸骨處向外按摩至　⑧ 連接 ⑦ 按壓左腋下淋巴點。
　　右腋下。

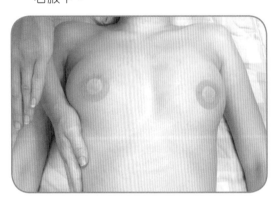
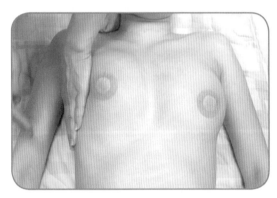

⑨ 雙手來回於胸部外側處外按摩至腋下按壓淋巴點（右）。

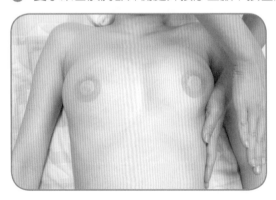
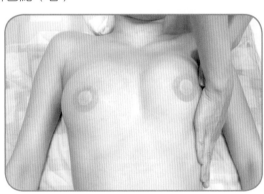

⑩ -1　雙手來回於胸部外側處外按摩至腋下　⑩ -2　同⑩ -1。
　　　按壓淋巴點（左）。

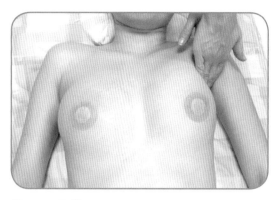

⑩ -3　同⑩ -1。

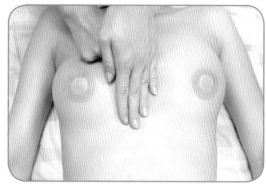

⑪ -1　雙手交疊服貼於胸部做畫八安撫動作。

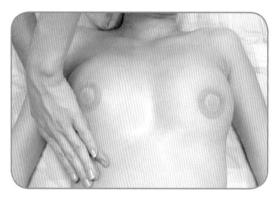

⑪ -2　同⑪ -1。

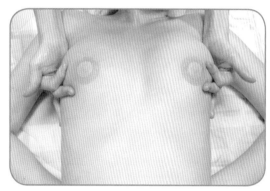

⑫ -1　利用四指於胸部外側及下方做彈撥動作。

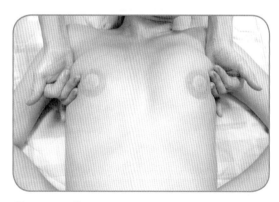

⑫ -2　同⑫ -1。

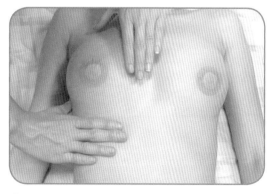

⑬ -1　以雙手之虎口於乳根處上、下、左、右，做捧胸之手勢（右邊）。

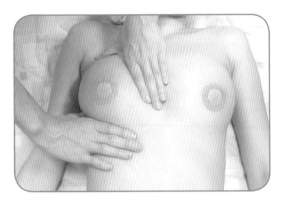

⑬-2　同⑬-1。

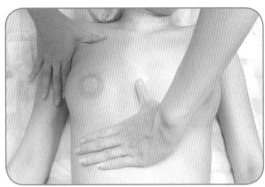

⑬-3　同⑬-1。

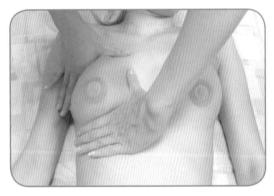

⑬-4　同⑬-1。

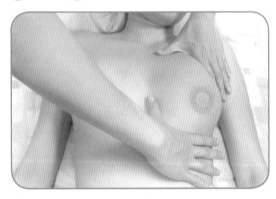

⑬-5　利用虎口於胸部上、下、左、右做捧胸之動作（左邊）。

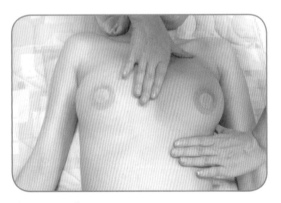

⑬-6　同⑬-5。

⑭-1　雙掌於胸部下方左右滑動安撫。

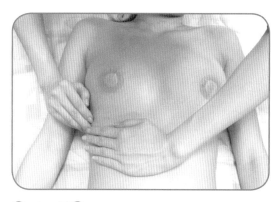

⑭-2　同⑭-1。

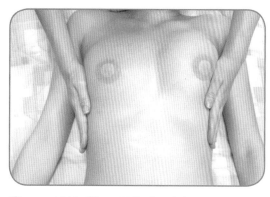

⑭-3　連接 ⑭-2 至胸之兩側。

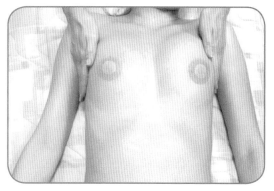

⑭-4　同⑭-3。

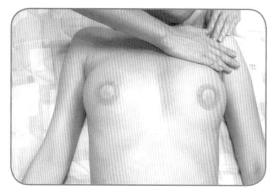

⑮-1　雙掌於胸前鎖骨處左右來回做安撫動
　　　作。

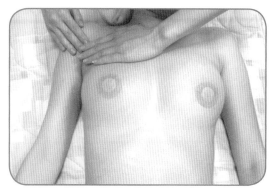

⑮-2　同⑮-1。

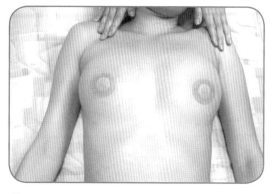

⑯　雙手於胸前鎖骨處左右來回做安撫動作，
　　再滑至耳下做結束動作。

1. 請寫出按摩前需準備之器具及用品。

2. 請找一個案，按摩背穴、肩頸，並請對方寫出感受。

3. 請找一個案，按摩大腿及小腿，並請對方寫出感受。

4. 請找一個案，按摩腹部，並請對方寫出感受。

5. 請找一個案，按摩胸部，並請對方寫出感受。

6. 請找一個案，按摩全身，並請對方寫出感受。

7. 請找一個案，按摩全身，並寫出您的心得感想。

芳香療法教育發展與國際
芳療師認證組織介紹

Aromatherapy
&
Body Care

13-1 教育訓練的本質

一、教育訓練的意義

　　「教育訓練」之目的主要在於知識、技能、能力的提供及授予，和個人及工作態度的培養和改變，以影響組織，並提升組織未來發展之能力。「教育」是經由有系統、計畫與順序的學習，將所學知識及技能應用於組織中，且能不斷的處理新資訊及面對變遷，是屬於長期導向的學習。而「訓練」則是為了目前工作所需而提供知識、技能及態度上的訓練，以能達成決定目標及處理之工作任務，為短期並能滿足目前所需之任務。

（一）　Miller(1998) 認為，教育訓練係指有計畫、有順序的學習並獲得知識，及為了適應目前與未來工作上所需要的資格和技能。

（二）　丁志達 (2005) 認為教育是教授員工相關觀念及知識，以增進員工求知及解析推理、計畫與決策的能力。訓練是教導員工執行職務所需的知識與技術發展，則較著重與個人未來能力的培養與提升，以獲得新的視野、科技和觀點。

（三）　吳美蓮與林俊毅 (2002) 認為教育訓練可分為狹義與廣義兩種，是指為確保員工具備執行業務的能力，組織提供了員工所需要的各種基本技能與知識，而此提供是為了員工目前的工作需要及組織將來執行業務的需要，對於組織成員所進行的知識與技能的再學習及心理重建。

（四）　美國訓練發展學會 (American Society for Training and Development, ASTD) 對訓練的定義：「訓練發展係經由有計畫的學習，以確認、評估及協助個人的發展使其能順利執行目前及未來的工作 (Mclagan, 1983)。」

　　綜合上述定義可知，教育訓練是一體兩面且相輔相成的。「教育訓練係為企業運用有系統的評估分析所規劃，對員工在現職及未來職務之工作需求進行教育，讓員工得以將所需應用於工作中，以達到組織目標，提高經營績效及提升企

業之營運競爭力。」可知教育訓練是一門有計畫性及統整性的規劃課程，經由有系統的學習過程，達到個人及工作上所需求的知識及技能，進而對工作產生正向積極回饋之績效。

13-2 芳香療法教育發展與應用

芳香療法教育在國外行之有年，且已應用於醫療美容教育與日常生活中，國外芳療教育如美國、英國、加拿大也致力於推廣芳香療法教育，並將其帶入醫療美容體制，日本自1998年引入專業芳療後，目前也有近100所專業芳療學校從事芳療教育工作之推廣。

中國大陸政府更於2005年底由勞動部設立新的職業證照「芳香保健師」，並將其分為五階，分別為：

1. 初級芳香保健師（一階）。

2. 中級芳香保健師（二階）。

3. 高初級芳香保健師（三階）。

4. 芳香保健技師（四階）。

5. 高級芳香保健技師（五階）。

並預估全中國缺少220萬個芳療師，芳療師的收入遠超過傳統美容師。2005年聯合報報導目前年輕人最熱門的高薪三師分別為：1. 芳香療法師、2. 禮儀師、3. 機師，芳療師的收入估計為6~20萬。知名刊物黃金證照王月刊並將芳療師列為最夯的工作之一，可見全球芳療市場之蓬勃發展。

臺灣目前之芳香市場也隨著人們著重休閒養生之生活質感而被大量的應用於日常生活中。如沐浴衛生用品、休閒按摩、居家照護、美容美體保養產品，甚至餐旅服務上也隨處可見芳香療法被應用於生活周遭。

13-3 臺灣芳療教育之發展現況

一、我國芳療業教育體系

臺灣已於民國 93 年開放設立新的職業「芳香植物精油服務類別」。我國芳療教育依教育制度及所屬機構的不同，可分為學校教育及非正式教育，學校裡的芳療教育屬於技職教育，以就業準備為目的，包括高職、專科、四技、二技教育及研究所。非正式教育，為學校教育以外之教育訓練，對未就業之職業準備或已就業者所提供的技能專精、更新、職位升遷、以及職業轉換訓練的職業訓練為範疇（徐女琇，1996）。

（一）學校教育

包括高級中等學校與職業學校的美容科、觀光科、美髮技術科及二年制專科學校、二年制與四年制技術學院與科技大學，分別隸屬於家政類的美容科系與醫技類及化工類的化妝品應用與管理科系。

（二）非正式教育

大致可概分為以下幾類：

1. 公共職業訓練

係指政府機構自辦或委辦的芳療職業技能訓練，其訓練種類可分為職前芳療訓練；與在職芳療教育再訓練以提高勞動生產力所實施的訓練。

2. 大專院校推廣教育班

係指大專院校附設推廣中心所辦理的芳療職業技能訓練相關學分班、非學分班。

3. 芳療職業技能訓練補習班

係指政府核准開設之芳療職業技能訓練班，視個人需求不同，有開設依照工作單元、專業程度、特殊芳療、證照考試等區分之班別。

4. 企業內訓練

　　芳療從業人員所服務的組織機構，依照組織發展及經營宗旨需要所舉辦的各種訓練。根據職訓法（職訓局，1998）第十五條所稱進修訓練，為增進或提高在職人員工作技能與知識水準所實施的訓練，因此所屬公司內部的在職訓練，其目的在提供芳療從業人員與工作相關之教育訓練，以提升從業人員的專業知能。企業內訓練又可分為職前訓練與在職訓練兩種，前者係企業為發展新進員工的職業知能，奠定其日後工作能力與技術所實施的訓練；後者為激勵在職員工，提升工作效能與組織向心力所實施的訓練。

5. 芳療化妝品公司與美髮品公司舉辦之研習或講座

　　芳療化妝品與美髮品公司為達到產品銷售目的及服務消費者，經常不定期舉辦各種相關的研習或講座，因其規模較大及研究開發能力較強，常發表新的芳療技術與資訊，此為多數芳療職業技能訓練從業人員增進專業知能的進修管道之一。

6. 師徒傳授

　　早期芳療美容業多由雇主提供工作機會並教授芳療美容相關技能訓練，隨著芳療美容教育納入學校教育系統及補習班林立後，已大量減少。而芳香療法在臺灣也正在大力的推廣當中，也積極培養這方面的優秀人才，許多大學、科技大學與大專院校都有開設相關課程，如表 13-1。

　　經由文獻可知，現今芳療教育在學校教育方面，大專高等教育院校紛紛開設芳療相關科系，顯現芳療教育及產業發展受到政府的重視。在非正式教育方面，企業為求服務品質及顧客滿意度的提升，對於從業人員之職業教育訓練，更是積極的規劃及評估，可見政府教育高層及芳療業者對於芳療從業人員教育訓練的重視，也更突顯出教育訓練對芳療從業人員的重要性。

表 13-1 大學與技術學院課程表

科技大學與技術學院	科系	課程
大仁科技大學	進階芳香療法	時尚美容應用系
中華科技大學	芳療保健	生物科技系
仁德醫護管理專科學校	精油芳療	健康美容觀光科
台南應用科技大學	進階芳療 Spa	美容造型設計系
弘光科技大學	芳香療法研究特論	化妝品應用系
正修科技大學	芳香療法與實習	化妝品與時尚彩妝
育英醫護管理專科學校	芳香療法（一）	化妝品應用與管理科
育達科技大學	基礎芳香療法	時尚造型設計系
長庚科技大學	芳香療法暨實務	四技日間部妝品系
南亞技術學院	芳香療法實務	美容與造型系
美和科技大學	芳療與水療實務	美容系
耕莘健康管理專科學校	美體芳療	化妝品應用與管理科
高苑科技大學	芳療與精油	香妝與養生保健系
國立臺中科技大學	芳香保健實務	美容科（平）
國立臺北護理健康大學	芳香療法與應用 I	護理系
崇仁醫護管理專科學校	高階芳香療法實作	美容保健科
敏惠醫護管理專科學校	芳香療法	美容保健科
華夏科技大學	芳香紓壓技法	化妝品應用系
慈惠醫護管理專科學校	芳療 SPA 保健實務	美容造型設計科
慈濟科技大學	芳香療法與應用	護理系
新生醫護管理專科學校	芳香療法	日五專美容造型科
經國管理暨健康學院	芳香療法實務	美容流行設計科
聖母醫護管理專科學校	芳香療法	化妝品應用與管理科
萬能科技大學	芳香學特論	化妝品應用與管理系
嘉南藥理大學	芳香療法實務	化粧品應用與管理系
臺北城市科技大學	芳香療法	化妝品應用與管理系
輔英科技大學	芳香療法與實習	健康美容系
遠東科技大學	美體芳香療法	化妝品應用與管理系
黎明技術學院	芳香精油	化妝品應用系
樹人醫護管理專科學校	芳香療法	日五專美容保健科
醒吾科技大學	美體芳香舒壓	時尚造形設計系
嶺東科技大學	芳香實作	流行設計系
蘭陽技術學院	芳香療法	時尚美容設計科
黎明技術學院	化妝品應用系	美膚芳香療法

資料來源：編者自行整理自各大學與技術學院開課資訊

13-4 國際芳療師認證組織介紹

要成為一位專業芳療師除了需具有專業的理論知識與技術外，更需具備一張專業的芳療師認證證明，在歐美國家，職業芳療師若沒有經過政府認可的芳療師認證，是不可以為顧客從事芳療服務的。以下即介紹在國際芳療界最具權威及公信力的三張國際芳療師認證書。

一、IFA (The International Federation of Aromatherapists)

英國國際芳療師協會 (IFA) 成立於 1985 年，為全世界歷史最悠久的專業芳療師協會，制定有詳細且繁複之培訓規格，並以嚴謹的態度謹慎進行教育機構認證之行為。一經認證之芳療教育機構，每三年需進行一次複核以維持認證教育機構之芳療教育品質，目前已受英國官方註冊，屬於獨立運作的慈善性質協會，IFA 成立以來一直致力於專業芳療教育的推廣，對芳療教育的推廣極具影響力，並且將芳療教育引進醫療機構、安養機構及醫療相關體系與美容養生體系。IFA 每年會在世界各國舉辦 IFA 世界芳療年會，而 2013 年 4 月在臺灣臺北舉行 IFA 世界芳療年會，也顯示臺灣之芳療教育推廣已受到國際之認可。因其專業且嚴謹，目前在國際上已有 1. 美國、2. 加拿大、3. 澳洲、4. 中國、5. 香港、6. 日本、7. 韓國、8. 馬來西亞、9. 臺灣、10. 新加坡及 11. 歐洲各國加入其芳療教育體系。

二、IFPA (International Federation of Professional Aromatherapists)

國際聯盟專業芳療協會 (IFPA) 成立於 2002 年，主要為英國三大芳療師協會合併組織而成，即 IFA、RQA、ISPA。以專業的芳療理論知識、人體的生理結

構及病理學和按摩技巧幫助許多人身體生理及心理之抒解，並推廣植物性靈和芳療技巧，以達到調理及抒解身、心、靈之最終目的。英國國際專業芳療師聯盟也是全世界組織最大的專業芳香療法協會。目前在國際已有：1.美國、2.加拿大、3.澳洲、4.中國、5.香港、6.日本、7.韓國、8.馬來西亞、9.臺灣、10.新加坡及 11.歐洲各國加入其芳療教育體系。

三、NAHA (The National Association for Holistic Aromatherapy)

美國國家整體芳療師協會 (NAHA) 創立於 1991 年，是目前北美洲最大型且最專業的芳香療法非營利教育性機構，致力推廣芳香療法之專業研究與教育課程，並且積極的參與和發起提升大專院校的芳療及落實醫療專業領域的使用。美國國家整體芳療協會致力於提升芳療意識，讓大眾瞭解真實的芳香療法，並安全有效的將芳香療法融入日常生活，也是目前北美洲及全美最具權威及公信力之芳療組織。其他世界各國也有分校致力於發揚 NAHA 之芳療教育。

課後討論

1. 請您寫出教育訓練的本質。

2. 請您寫出日常常見的生活用品中加入芳香療法之商品六項以上。

3. 請您寫出目前臺灣之芳療教育有哪些推廣教育。

4. 請寫出國際著名芳療師認證機構五個以上。

1. 丁志達 (2005)。人力資源管理實務論著。臺北：揚智。

2. 中條春野 (2015)。給全家人的芳香療法入門。臺北：天下雜誌。

3. 丹尼爾、費絲緹 (2017)。芳香療法應用百科。臺北：八方。

4. 有藤文香 (2010)。家庭中醫芳療全書。臺北：商周。

5. 尖端醫學百科圖解 (2010)。人體的奧祕。臺北：尖端。

6. 呂秀齡 (2009)。芳香達人通識課程。臺北：卡爾儷。

7. 呂秀齡 (2009)。芳香達人高級課程。臺北：卡爾儷。

8. 佐佐木薫 (2006)。芳香療法寶典。臺北：暢文。

9. 余珊 (2018)。純露芳療活用小百科。新北：大樹林。

10. 卓芷聿 (2010)。精油大全。臺北：大樹林。

11. 松村讓兒 (2009)。圖解人體地圖。臺北：暢文。

12. 吳美蓮、林俊毅 (2002)。人力資源管理。臺北：智勝。

13. 易光輝 (2008)。精油化學基礎與實務應用。臺北：華杏。

14. 原文嘉 (2008)。IFA 高階芳療。臺北：思博。

15. 徐女秀 (1996)。美容從業人員專業能力之研究。中國文化大學生活應用科學研究所碩士論文，未出版，臺北。

16. 莫尼卡·維娜與茹絲·馮·布朗史邁格 (2009)。芳療實證學。臺北：德芳。

17. 許怡蘭 (2005)。植物精油能量全書。臺北：商周。

18. 雪俐·布萊 (2008)。情緒與芳香療法。臺北：世茂。

19. 黃薰誼 (2006)。美容業從業人員教育訓練需求－滿意度與成效評估之研究。中國文化大學生活應用科學研究所碩士論文，未出版，臺北。

20. 曾俊明 (2008)。芳香療法理論與實務。臺北：華立。

21. 揚・古密克 (2005)。植物油芳香療法。臺北：世茂。

22. 廉・普萊斯 (2007)。芳香療法植物油寶典。臺北：世茂。

23. 瑪格麗特・摩利 (1997)。摩利夫人的芳香療法。臺北：世茂。

24. 汪妲・謝勒 (2016)。芳香療法精油寶典紀念版。臺北：世茂。

23. 張蓓貞 (2014)。芳香療法應用與實務。臺北：開學文化。

24. Monik Wermar,RutnvonBraunschweig(2017) 芳香療法實證學。臺北：德芳。

25. Mc Lagan, P.A., & Bedrick, D. (1983) Models for excellence: The results of the ASTD training and development competence study. Training and Development Journal, 37(6), 10-12.

國家圖書館出版品預行編目資料

芳香療法與美體護理 / 黃薰誼編著. – 四版. -- 新北市：
新文京開發出版股份有限公司, 2023. 01
　　　面；　公分

　　ISBN　978-986-430-902-3（平裝）

　　1.CST: 芳香療法 2.CST: 香精油

418.995　　　　　　　　　　　　　　111020854

芳香療法與美體護理（四版）　　　　（書號：B373e4）

編 著 者	黃薰誼
出 版 者	新文京開發出版股份有限公司
地　　址	新北市中和區中山路二段 362 號 9 樓
電　　話	(02) 2244-8188（代表號）
F A X	(02) 2244-8189
郵　　撥	1958730-2
初　　版	西元 2013 年 01 月 30 日
二　　版	西元 2017 年 06 月 10 日
三　　版	西元 2020 年 07 月 15 日
四　　版	西元 2023 年 01 月 10 日

新文京開發出版股份有限公司
NEW WCDP　新世紀‧新視野‧新文京一精選教科書‧考試用書‧專業參考書